전설의 덕후 '유치찬란'이 엄선한 떡볶이 맛집

떡볶이야 사랑해

떡볶이야 사랑해

전설의 덕후 '유치찬란'이
엄선한 떡볶이 맛집

이용근 찍고 쓰다

채륜서

추천사 하나

음식 책 같지만 알고 보면 삶의 이야기

이용근 씨를 처음 만난 건 꽤 오래전이다. 아마 1987년도였던 것으로 기억한다. 의사와 환자로 처음 만나 알고 지낸 세월도 벌써 30년이 넘었다.

이 친구의 새로운 면을 본 것은 몇 년 전 방송에 출연해 떡볶이 이야기하는 것을 봤을 때다. 아는 얼굴이 나오니 반가운 마음에 관심 있게 보기도 했지만 평소 마주했던 모습과 다른 그의 모습에 더 큰 흥미를 느꼈던 기억이 있다.

평소 건강식에 대한 관심은 알고 있었는데 건강을 위한 것인 줄 알았지 음식에 조예가 깊은 줄은 몰랐다.

떡볶이에 대하여 꽤 해박한 지식을 가지고 있는 것 같기에 책을 내 보면 좋지 않겠느냐고 넌지시 권했다.

가볍게 한 말이라 스쳐 지나는 말로 끝날 수 있었을 텐데 그간 열심히 노력하여 이렇게 책의 저자가 되었다. 그의 손에서 재미있는 책이 나오게 되어 기쁘기 그지없다.

사실 떡볶이가 위장 건강에 좋은 음식은 아니다. 하지만 그가 소개하는 떡볶이집에는 그 점을 보완하기 위해 부단한 노력을 다하는 사람들이 모여 있다. 어려움 속에도 웃음을 잃지 않고 해를 끼치지 않는 음식을 위해 노력하는 사람들.

사는 게 바빠 희망과 아름다움을 놓치기 쉬운 우리에게 마음의 위안과 힘을 주는 책이 될 것으로 생각한다.

분당 서울대 병원
명예교수 송인성

추천사 둘

미친 얘기 같지만 전부 사실이에요

대한민국에서 가장 유명한 떡볶이 전문가, 이용근 작가를 설명할 때 내가 쓰는 표현이다. 방송 피디라는 직업 덕분에 나는 특이한 사람들을 만날 기회가 많았다. 그 역시 그런 사람 중 한 명이었다.

2016년 10월에 처음 만난 그는 무척이나 말이 없고 조용하고 낯을 심하게 가리는 모습이었다. 사전인터뷰 때 백 마디 정도 해야 한 마디 정도나 돌아왔다. 촬영하면서도 셀 수 없는 NG를 내며 어쩔 줄 모르는 모습에 좀 이상한 사람이라는 생각까지 했었다.

그런데 이상하리만큼 떡볶이 얘기를 시작하면 사람이 달라진다. 전국 삼천 곳이 넘는 떡볶이집에 대한 연혁을 줄줄 꿰고 있었다. 그냥 외우는 수준이 아니라 배경과 속사정까지 꼼꼼하게.

이 사람 정말 떡볶이를 좋아하는구나… 그리고 나는 그와 친해지고 싶어졌다.

그는 내게 분식 관련 백과사전 같은 사람이 되었다. 여전히 말이 없고 햇수로 6년째 알고 지내는데도 쑥스러워한다. 그리고 떡볶이를 얘기함에 있어서 그는 어느 때보다 빛이 난다.

그게 무엇이든 하나에 미쳐있는 사람은 위대하다. 그에게 떡볶이는 친구이자 애인이다.

대한민국 대표 분식의 지도를 머릿속에 꽉 채운 그가 책을 쓴다는 소식을 들었다. 뛸 듯이 기뻤다. 감히 단언하건대 떡볶이라는 음식 속에 담긴 눈물과 웃음을 담아줄 거라 확신한다.

내가 만난 덕후 중에 그는 최고다.

SBS '생활의 달인'
프로듀서 이상준

프롤로그

다음 카페에서 떡볶이 활동을 시작한 것이 2006년, 떡볶이 동호회 운영자 생활을 시작한 것은 2007년, 전국의 떡볶이집을 돌아다닌 지 어느덧 16년이 되었다. 맛있는 떡볶이를 찾기 위해 전국 어디든 쫓아 나녔고 숨어있는 떡볶이 맛집을 찾게 될 때 느끼는 그 희열은 필자의 기쁨이자 행복이 되었다. 그 일을 지극히 당연한 삶의 일부로 생각했었기에 2009년 모 출판사의 제안을 시작으로 그동안 몇 군데나 출간 제안이 와도 거절하기 바빴다. 어찌 보면 필자의 가장 외롭고 고독한 일정에서 재탄생되어 알려지는 좋은 떡볶이를 굳이 상업적인 방법으로 알리고 싶은 마음이 없었고 묵묵히 혼자만의 길을 계속 가기를 원했다.

그런데 10여 년 시간이 지나는 동안 노포 분식집은 점점 사라지고 그것을 속수무책으로 지켜볼 수밖에 없어 안타까웠다. 동시에 자취를 감추는 분식집을 글로나마 남겨야겠다는 필요성도 느꼈다. 사실 필자는 1987년부터 35년 동안 서울대학교병원 소화기내과에 통원치료를 다니고 있다. 그래서 언제까지 '맛있는 탐구생활'을 할 수 있을지 스스로도 앞날을 예측할 수 없다. 그렇기 때문에 지금 당장 떡볶이 맛집 참고서 같은 길잡이 글이 있어야 한다는 필요성도 느꼈다. 물론, 본인 취향의 먹방 일기가 아닌 음식 품질과 주인장의 정성 등 객관적 시각의 떡볶이 맛집이 있어야 한다는 의지를 가지고서.

이 책은 (2021년 기준) 2006년부터 전국의 떡볶이집을 찾아다닌 경험 소비와 주인과의 인터뷰를 통해 얻은 사실을 그대로 옮긴 책이다. 반복적인 방문을 통해 분식집마다 가진 스토리를 알게 되다 보니 방문 리뷰 등을 광고 업체에 맡기는 일부 분식집도 알게 되었는데 당연히 그런 곳은 이 책에 넣지 않았다. 현실과 타협하지 않고 한 점 부끄럼 없는 집만을 엄선했다.

필자의 떡볶이와의 인연은 쌍문국민학교 앞 떡볶이 100원에 열 개였을 때부터다. 방과 후 집에 가기 위해 교문을 나서는 순간, 풍겨오는 떡볶이 향에 이끌려 나도 모르게 주머니에 있는 100원, 200원을 꺼내 떡볶이를 친구들과 사 먹었던 기억이 있다. 뜨거워서 호호 매워서 호호 불며 먹던, 매콤 달콤한 소스가 묻은 말랑말랑한 밀떡 맛을 잊을 수 없다. 떡볶이 먹을 때만큼은 남 부러울 것 없이 행복했던 기억이 있다. 더불어 떡볶이에 대한 호기심이 생기기 시작한 것은 이모 손에 이끌려 1970년대 후반 신당동 떡볶이 골목에 처음 가봤을 때다. 당시 신당동 떡볶이 골목은 한 칸짜리 가게들이 연이어 있었고, 주인아주머니들의 경쟁도 치열했다. 누가 더 푸짐하게 주느냐에 손님들의 발길이 달라지는 시기였다.

그 시절은 검은색 주물 프라이팬에 즉석떡볶이 1인분 500원이었다. 당시 모든 가게들이 공통적으로 푸짐하게 주었던 재료는 양배추였다. 산더미처럼 수북하게 쌓아준 양배추가 열에 의해 마법처럼 사라지는 모습은 어린마음에 신선한 충격이었다. (당시 마복림 할머니 떡볶이집뿐만 아니라 모든 떡볶이집이 몇 평 안 되는 한 칸짜리 작은 가게였다. 그 후 골목 맞은편에도 떡볶이집들이 생겼고 규모가 커지면서 자연스럽게 산업화가 이루어졌고 가격이 높아지기 시작했다.)

이렇게 어린 시절 학창 시절의 추억은 누구나 한 가지쯤은 가지고 있을 것이다. 성인이 되어 인터넷 떡볶이 동호회를 운영하게 되면서 많은 사람들이 어린 시절 기억을 떡볶이라는 매개체를 통해 좋은 추억으로 간직하고 있다는 것을 알게 되었다. 수백만 년에 걸쳐 유전자와 환경 간 상호 작용의 산물이 자연스럽게 생겨났듯이 같은 주제의 공통분모를 가진 이성이 모이면서 자연스럽게 친해지고 몇 년이라는 짧은 시간 안에 동호회를 통해 만나 세 커플이 결혼했을 정도로 친근함과 끈끈한 연대감으로 함께 좋아하고 이야기할 수 있는 것이 떡볶이다.

남녀노소 좋아할 수 있는 이런 떡볶이가 산업화되면서 작지만 큰 변화가 이루어지고 있다. 방과 후 교문을 나설 때 멀리서 풍겨 나오는 냄새에 이끌려 나도 모르게 떡볶이집을 향했던 기억은 40대 이상의 어른이라면, 누구나 경험해봤을 것이다.

그렇다. 과거와 오늘날 떡볶이의 큰 차이점 중 하나는 향.

떡볶이의 산업화와 인스턴트화로 맛이 평준화되면서 떡볶이 냄새가 사라진 지 오래고 떡볶이의 근간인 떡조차도 업주들의 편의성에 따라 바뀌는 시점에 어떤 떡볶이를 선택하고 먹어야 하는지 '좋은 떡볶이 구별할 수 있는 하나의 기준점'을 이 책을 통해 조금이나마 알게 되고 도움이 되었으면 좋겠다.

떡볶이 마니아라면, 한 번쯤 방문할 필요가 있고 주인장 정성도 느낄 수 있는 곳을 엄선해서 소개해 보려고 한다. 전국을 다니면서 얻은 다양한 떡볶이 경험 속에서 전율이 일었던 맛의 비밀도 함께.

책을 출간하기 전, 여러 차례 다시 방문하고 확인하였다. 건물 재개발 일정이 잡힌 노포 가게도 함께 언급되었기에 추후 영업시간 변경, 폐점 등 주변 상황 변화가 있을 수 있다.

• 일러두기

이 책은 1년 6개월 동안 준비했고, 취재는 코로나 19로 인한 사회적 거리두기가 격상되기 전에 이루어졌음을 밝힌다.

차　　례

01

짱떡볶이

이름값 제대로, 가격도 짱 맛도 짱 인심도 짱

'짱떡볶이(구: 짱떡볶이햄버거)'는 경기도 남양주시 평내동에 위치한 17년 전통 떡볶이집이다.

금곡동에서 6년간 천연 조미료만을 이용해 만들었던 떡볶이 노하우를 평내동으로 이전 후 완성할 수 있었다고 말씀하시는 61세 강숙희 주인아주머니와 두 아드님이 함께 운영하고 있다.

2020년 2월 모 방송 프로그램에 소개되어 전국적인 유명세를 치르기도 했지만, 이미 그전부터 떡볶이 마니아라면 한 번쯤은 알고 찾아갔던 숨어 있는 맛집이었다. 이곳 주인장의 친절함과 정직한 음식에 지역 맘카페 회원분들이나 주변 동네 분들이 인정하고 사랑도 받아 평일에도 줄을 서야지만 먹을 수 있는 곳이었기 때문이다.

이곳과 필자의 인연은 2016년인 5년 전에 시작되었다. 당시 양도 많은 2,000원짜리 국물떡볶이에 고춧가루 외 직접 만든 매실액, 사과, 양파, 육수, 엿기름, 잡화 꿀 등 많은 재료가 들어간다는 사실에 놀랄 수밖에 없었다. 좋은 첫인상 덕분에 3년 전 다시 찾아가 보니 간 마늘, 강황 등 특정 향신료에 매운 고춧가루 등이 더해져 육수의 시원한 감칠맛뿐만 아니라 칼칼한 매움까지 공존했고, 절제된 단맛이 과하지 않게 어우러져 표현되는 맛의 범위가 좀 더 넓어지고 깊어진 느낌이었다.

그렇게 이곳 떡볶이에 대한 좋았던 기억이 있었기에 떡볶이 책을 집

필할 때 당연히 목록 우선순위에 있었다. 그런데 작년 초 갑자기 모 방송 프로그램에 섭외가 되었다는 연락을 받게 되니 기쁘면서도 한편으로는 당황스러움도 있었다. 책에서만 공개하고픈, 숨은 떡볶이 맛집이었기 때문이다. 그럼에도 방송 촬영에 대한 두려움이 있던 주인아주머니에게 솔직하게 장단점을 이야기하며 조언 아닌 조언을 해드렸다.

"A 스타일과 B 스타일의 촬영이 있고 C 스타일과 D 스타일 진행이 있으니 참고하시면 되겠어요. 혹시 큰 아드님과 둘째 아드님이 나중에 다른 가게를 낼 때 방송에 나왔던 게 도움이 될 수 있으니 A와 C 스타일의 촬영이라면 긍정적으로 생각해 보는 게 좋지 않으시겠어요?"

단골손님들의 충성도가 높았던 이곳, 방송에 소개된다고 하니 축하 인사를 전하러 이곳에 찾아오면서 비타민 음료 한 상자씩 들고 찾아오는 동네 주민도 있었고 방송 보고 찾아온 손님 중에도 딸기와 초콜릿을 주고 간 분들도 있었다. 그만큼, 이런 음식을 먹을 수 있음에 감사함을 표하는 분들이 많았다.

• 고지식함이 맛있는 떡볶이를 만든다

이미 네 차례 방문했었던 곳이지만, 원고 집필을 위해 아침 일찍 방송 전과 방송 후 여덟 차례 더 방문했다.

평소 4시간밖에 못 자면서 새벽 3~4시부터 음식 준비를 하던, 주인아주머니와 두 아드님은 방송 직후 새벽 2시부터 음식을 준비하고 있었다. 정년퇴직하신 주인아저씨도 함께.

튀김을 담당하던, 첫째 아드님인 34세 서우석 씨는 '콩이네' 주인아저씨와 닮은 모습이 보였다. (이 책에도 '콩이네'를 소개하였다) 당일 판매할 튀김을 새벽부터 튀기고 기름을 갈아낸 후 잠시 짬을 내어 미리 챙겨온 도시락으로 첫 끼니를 때우는 것이 잠깐의 휴식이었지만, 방송 직후에는 오전 9시부터 찾아오는 손님들이 있어 이 잠깐의 휴식마저도 허용되지 않았다. 밤새워 일하면서 가족 모두 식사도 하지 못한 채 손님을 맞이하는 고지식함이 있었던 것이다.

오전 9시쯤 되자 떡볶이를 담당하던, 둘째 아드님인 33세 서영석 씨는 미리 끓여 놓은 육수에서 콩나물을 건져내고 떡볶이판 두 개를 이용해 떡볶이 만들 준비를 시작했다. 초벌로 판밀떡에 부산어묵과 대파를 넣고 끓여낸 후 육수가 더해진, 2~3일간 숙성시킨 고춧가루 양념장을 더해 완성하고 있었다.

책에 주인아주머니와 두 아드님 사진을 넣고 싶어서 오픈 시간부터 마감 시간까지 기다린 날이 있었는데 종일 눈에 띄는 모습이 있었다. 손님이 줄을 서는 바쁜 상황에도, 떡볶이를 담당하던 둘째 아드님이 판에 있는 국물을 수시로 작은 그릇에 옮겨 맛을 확인하는 것이 아닌가? 떡볶이 국물을 왜 그리도 수시로 맛보는지 궁금해하자, "떡볶이는 조리될 때마다 변할 수가 있어요. 똑같은 재료를 넣어도 변수가 존재할 수 있는 것이 음식이고요. 그런 의미에서 떡볶이는 살아 있는 생명체라고 생각해요. 제가 만드는 떡볶이에 생명을 넣어주고 싶어서 계속 맛보면서 실수를 줄이려고 하고 있습니다." 이런 답이 돌아왔다.

이어서 덧붙인 말은 감동적이었다.

"솔직히 처음에는 간단하게 생각했어요. 그런데 막상 보니 어머니와 형이 너무 힘들게 일하고 있어서 놀랐습니다. 그런 어머니와 형에게 조금이나마 도움이 될 수 있을까 싶어 다니던 직장을 그만두고 가게에 나오기 시작했어요. 저희 어머니는 하루 영업이 끝나면 그냥 쉬시는 게 아니라 밤까지 4시간 넘게 재료를 손질해주십니다. 평소 잠도 3~4시간밖에 못 주무세요. 그걸 알고 있으니 제가 잠이 안 오더라고요. 그래서 저도 밤 2시부터 음식을 준비하게 되었는데 하다 보니 그게 일상이 되었네요. 큰형도 마찬가지고요."

떡볶이 국물을 이렇게 작은 그릇에 덜어 수시로 맛본다. 손님에게 늘 맛있는 떡볶이를 드리기 위해, 번거로움을 무릅쓰고 노력하는 모습이 감동적이었다.

자식은 부모를 보고 배운다고 했던가? 정직함을 넘어 아낌없이 정을 나눠 주고 있던 주인아주머니와 큰 아드님은 거의 모든 손님에게 튀김 한두 개를 서비스로 챙기고 있었다. 이곳은 떡볶이를 만드는 곳이 아니라 정을 만드는 곳이라는 생각이 든다.

필자는 모 방송에서 잠행단으로 구리 '벅시분식' 편에 셰프님과 함께 출연한 적이 있었는데, 그때 옆자리에 있었다면서 반갑게 아는 척해주신 손님도 만날 수 있었다. 이렇게 떡볶이집에서 다시 만나는 사람을 보게 되면 반가울 수밖에 없다. 떡볶이를 좋아한다는 한 가지 공통분모가 있으니깐 말이다.

• 먹는 방법을 지켜야 맛있는 국물떡볶이

필자에게도 모처럼 이곳 떡볶이를 먹어볼 기회가 찾아왔다.

이곳 떡볶이는 1인분 기준으로 다른 곳보다 양이 많고 국물도 넉넉하게 담긴 국물떡볶이 스타일이다. 즉 국물이 중심축이다.

갓 조리되어 농도가 묽은 국물은 칼칼하게 매콤하고 깔끔했다. 간마늘뿐만 아니라 세 가지 고춧가루에 고추씨 등으로 맛을 낸 것이라 깔끔한 매운맛을 느낄 수 있었다. 그 매운맛 속에 해장용이라고 해도 손색없을 만큼 황태, 보리새우 등의 건어물과 콩나물 육수의 시원함도 숨어 있다.

이렇게 깔끔했던 떡볶이 국물은 떡볶이가 조리될수록 변화한다. 국물 농도가 걸쭉해지면서 비수용성인 후추 같은 향신료와 고추 재료의 존재감이 높아졌고 좀 더 진해진 풍미도 느낄 수 있다.

떡만 찍어 먹어 보니, 매운맛보다 단맛이 도드라졌다. 이 단맛의 정체는 토마토, 사과, 배와 양파, 대파 등의 채소, 벌꿀, 매실청 등 다양한 단맛이 더해진 것이라서 강하게 다가오기도 했지만, 부드럽게 느껴졌다.

국물만 먹었을 때와 달리 포크로 떡만 먹었을 때 칼칼한 매운맛이 감춰지고 단맛을 느낄 수 있었던 이유는 매운맛을 내는 고춧가루가 물에 녹지 않는 비수용성인 데다가 물성이 다른, 밀떡에 녹아들지 않기 때문이다. 하지만 상대적으로 단맛을 내는 여러 성분은 탄수화물인 떡과 만나 단맛을 뽐내게 되니 매운맛 있는 국물떡볶이임에도 아이들도 부담 없이 즐길 수 있는 맛이 되었다.

흥미로운 건 국물과 떡을 숟갈로 함께 먹었을 때는 또 맛이 달라진다는 점이다. 국물에 숨어 있던 콩나물의 시원함과 또 다른 구수한 건어물 향이 더해진 깊은 풍미가 올라온다. 스테이크에 소스를 끼얹으면 감칠맛이 폭발하는 것처럼, 잘 조리된 밀떡에 국물이 더해지면 숨어 있던 구수한 감칠맛을 포함한 여러 맛이, 폭발하듯 도드라지기 시작한다.

이렇게 먹는 방식에 따라 맛이 달리 느껴지는 것도 재미있었고 황태와 보리새우 등의 다양한 맛들 속에서도 깔끔하고 균형 잡힌, 깊은 맛에 감탄이 나올 수밖에 없었다.

그런데 다양한 맛을 잡아주는 핵심 재료가 따로 있었으니 바로 **까나리액젓**이다. 시중에 쉽게 구할 수 있는 것보다 네 배 비싼 백령도 특산품인 까나리액젓이 2~3일 짧은 숙성으로는 부족했던 양념장의 깊은 맛을 보완해 주고 있었다. 국물떡볶이에서 겉으로는 드러나지 않지만, 다양한 맛의 중심을 잡아주고 풍미를 높여주는 그야말로 핵심 역할이다.

6년 전, 3년 전, 그리고 이번까지 총 열두 차례 방문하면서 점점 좋은 쪽으로 변화하면서 떡볶이 맛이 깊고 풍성해진다는 생각이 들었다. 솔직한 생각을 전하자 주인아주머니는 이렇게 귀띔해 주었다.

"평소 조미료(향미증진제) 맛을 싫어해 17년 전, 금곡동(경기도 남양주시)에서 천연 조미료만을 이용해 떡볶이를 만들기 시작했었습니다. 그런데 꼭, 천연 재료만을 넣는다고 사람들이 무조건 좋아하지는 않더라고요. 그 후에는 또 다른 재료를 넣어보면서 연구를 하게 되었어요. 사람들은 떡볶이 소스가 바뀐 걸 모를지라도 소신껏 맛을 계속 업그레이드 해왔습니다. 요즘은 두 아들이 쉬는 일요일이 되면 다른 집 떡볶이를 맛보러 다녀요. 그러면서 콩나물이나 까나리액젓 같은 몇 가지 재료를 더하게 되었는데요. 이로써 좀 더 수월하게 떡볶이 맛을 개선할 수 있게 되었어요."

한 가지 더 짚고 넘어가고 싶은 건 시간이 지나도 변하지 않는 떡볶이 떡 식감이다.

보통의 판밀떡볶이는 밀떡 특성상 시간이 지나게 되면, 굳기 마련인데 **이 떡볶이 떡은 몇 시간이 지나도 부드러운 식감을 유지**하고 있었다. 포장해서 먹어도 떡 식감과 맛이 크게 변하지 않는 흔치 않은 떡볶이였다.

부드러운 떡 식감이 오래 유지될 수 있는 이유를 잠시 과학적으로 접근해 보자. 보통 밀떡에는 액체에 녹지 않는 불용성 단백질인 글루텐 성분이 많다. 물과 양념이 더해진 떡에 열을 가하면 밀떡이 열원에 의해 부풀어 오르면서 압력도 높아지고 삼투압 현상으로 밀떡 속 물에너지가 활성화된다. 이때 수분이 쉽게 침투하게 되는데 그 수분을 조리 과정과 조리 과정 후에도 다시 빼앗기지 않을 정도로 국물(수분)의 양이 많았기 때문이다.

떡볶이와 함께 먹었던 어묵 국물도 남달랐다. 대파, 무, 다시마 등은 기본이고 서산에서 공수한 보리새우와 홍새우, 황태머리, 가다랑어(가쓰오부시) 등이 들어가는 육수였는데 액젓이 들어가는 떡볶이용 육수와는 다르게 따로 만들고 있었다. 마치 건어물포를 먹는 착각이 들 정도로 진하디진하다. 풍부한 건어물 향 속에 고추씨와 청양고추의 매콤함이 밀당하듯 숨어 있다.

건어물의 구수함과 시원함이 공존하는 어묵 국물은 오히려 식었을 때 진가를 발휘하여 더 좋은 맛을 낸다. 우연찮게도 주인아주머니와 아드님의 사진을 담기 위해 5시간 30분 동안, 가게 밖 테이블에서 기다린 적이 있었다. 당시 영하의 추운 날씨에 어묵 국물은 차갑게 식었지만 그 차가운 어묵 국물 맛에 깜짝 놀랐다.

보통 어묵 국물은 식으면 조미료 때문에 느끼함이 올라오는데 이곳은 그렇지 않았다. 차갑게 식은 어묵 국물이 냉국처럼 시원했는데 여기에서 깔끔

한 단맛까지 느껴졌다. 매우 신기해하자 주인아주머니는 "보리새우 때문에 달고 황태머리 때문에 구수할 것이에요. 촬영 오셨던 셰프님도 저희 어묵 국물 맛에 반해서 어묵 국물에 넣는 비법 재료 한 가지를 배워가셨습니다."라고 말해주셨다.

떡볶이를 평가하러 온 셰프가 떡볶이 맛에 반해 떡볶이 재료를 포장해 가고 어묵 육수 비법도 배워가는 그런 곳이 바로 여기다.

• 하루 두 번 새것으로 교체하는 튀김 기름

이곳은 떡볶이뿐만 아니라 튀김도 인기다. 못난이와 야끼만두(튀김만두)를 제외한 모든 튀김은 직접 만드는 수제튀김이다.

밤 2시쯤 튀김을 만들기 시작할 때 새 기름으로 초벌 튀김을 만들고

세 개에 1,000원밖에 안 하는 다양한 튀김들. 그 외 오징어, 김말이 등 튀김도 한두 개 1,000원 정도다

오전 9시 전후 영업 준비를 시작하기 전에 다시 한번 더 새 기름으로 교체한다. 처음 이 사실을 알고는 정말 소름이 돋았을 정도로 놀랐다. 겨우 두세 개에 1,000원 하는 가격의 튀김인데 하루 두 번이나 새 기름으로 갈아낸다니. 직접 눈으로 확인까지 하게 되면서 뭐에 맞은 듯 큰 충격을 받았다. '조삼모사朝三暮四'처럼, 단순히 싸게 팔면서 손님을 현혹하는 튀김이 아니었기 때문이다.

전국 떡볶이집을 16년간 돌아다니면서 이런 곳은 없었다는 필자의 반응에 첫째 아드님은 차분하게 답해 주었다.

"우리 어머님은 돈 벌려고 장사하는 것이 아닙니다. 음식 만드는 것이 좋아서 하시는 일이라 옆에서 보면, 배울 점이 많습니다. 이걸로 부자가 되자 이런 마음으로 하는 것이 아니라서요. 튀김은 이것저것 넣어서 다 해봤는데 기본이 가장 좋더라고요. 치자 열매를 직접 물에 우려서 튀김옷에 사용하는데 재료에 따라 튀김옷 농도만 달리하고 있습니다."

이렇게 정성을 다해 만든다는 것을 알고 있던 동네 주민들은 이른 아침에도 튀김을 사러 온다.

튀김 중에서 반응이 가장 좋았던, 오징어튀김은 한 개에 500원인데 놀랍게도 한 상자에 25만 원하는 포클랜드산 원양어선 선동오징어를 사용한다. 크기도 큰 사이즈의 오징어는 두툼해 식감도 좋고 폭신한 튀김옷과의 조화도 좋다.

고소한 풍미가 남달랐던 야채튀김은 재료의 수분을 충분히 날려 바삭한 식감과 고소한 맛을 극대화했다. 고소한 향은 먹기 전 코끝을 자극할 정도였는데 이 튀김은 당근을 많이 넣고, 고구마, 양파, 대파 등을 넣어 만든 흔한 맛이 아니었다. 오징어가 들어 있어 오징어 맛과 함께 바삭함 속 쫄깃한 식감까지 즐길 수 있다. 맛과 식감을 위해 보리새우를 포함한 여러 재료를 넣어봤는데 오징어가 야채튀김 맛을 가장 좋게 해서 넣

게 되었다는 이야기도 들을 수 있었다. 이렇게 튀김 하나에도 많은 시도와 정성이 들어가 있는 곳이었다.

후추 등의 양념을 한 김말이는 간이 세지 않아 당면 맛이 잘 살아 있고 당면 꽁다리의 바삭한 식감과 고소함을 덤으로 느낄 수 있었다. 확실히 일반 분식집 튀김과 다르다고 생각한 것은 야채튀김처럼, 김말이도 폭신한 튀김옷과 바삭한 당면 꽁다리 등 식감의 변주를 주어 맛을 극대화하고 있다는 점이다.

매운 김말이도 있었다. 충청도 옥천 출신의 주인아주머니와 주인아저씨의 친척과 지인이 충청도에서 재배한, 청양고추가 들어간 김말이였는데 당근까지 볶아 넣어 씹을수록 매콤했고 재료의 부드러운 단맛까지 즐길 수 있었다.

놀랍게도 납작만두도 직접 만들고 있었다. 소량의 당면에 양념까지 더한, 납작만두는 바삭하고 고소해 떡볶이 국물에 적셔 먹기 좋았다. 단순한 재료에 단순한 맛이었지만, 바삭한 식감과 고소한 맛이 강해 매콤한 떡볶이 국물과 맛의 궁합이 특히 좋게 다가왔다.

튀김을 먹다 보니 두 번 튀겨낸 튀김임에도 어떻게 느끼함이 없을 수 있는지 그 노하우가 궁금해졌다. 필자의 반응에 첫째 아드님은 "이제는 한 아이의 가장으로 더 큰 책임감을 가지고 튀김을 만들고 있습니다. 저희 집은 못난이, 튀김만두 말고는 튀김을 모두 직접 만듭니다. 솔직히 특별한 것은 없지만, 정말 정직하게 매일 밤부터 만든 재료로 튀김을 만들었기 때문에 손님들이 좋아해 주는 것이 아닐까 싶어요."라고 겸손

튀김이나 어묵을 찍어 먹는 고추씨 간장

하게 말해 주신다.

평내 맘카페에서 맛있다는 이야기가 돌면서 오전에 가야지만 먹을 수 있는 꼬마김밥도 있다. 이곳 김밥은 와사비 간장과 함께 먹는 흔한 광장시장식 마약김밥과 좀 다르다. 이곳 꼬마김밥에는 귀리가 들어가는데, 미국 타임지에서 선정한, 10대 푸드 귀리가 건강에 좋다는 이야기에 넣게 되었다고 한다. 밥에 들어가는 쌀과 귀리는 모두 국산인데 귀리 덕분에 꼬들한 식감과 구수한 맛을 함께 느낄 수 있어 감동이었다. 꼬마김밥에 쓰는 참기름도 직접 짠 것인데 이는 손님에 대한 주인아주머니 마음의 일부분이다.

이곳은 떡볶이에 넣는 벌꿀도 아카시아 꿀보다 영양이 풍부하다고 해서 잡화꿀로 넣고, 튀김 반죽에는 담즙 분비를 촉진해 지방 분해를 도울 수 있게 치자 물을 만들어 쓴다고 한다. 분식은 건강에 좋지 않다는 선입견이 있는데, 주인아주머니는 가족에게 내어주고 가족이 먹는다는 생각으로 손님의 건강도 잊지 않는 분이셨다.

• 겸손하고 또 겸손하게

음식 관련 프로그램 17년 이상 경력의 방송국 피디님이 예전에 필자에게 "떡볶이에 미쳐 있다"고 말해주신 적이 있다. 과찬이라 느낄 만큼 좋은 말씀을 많이 해주셨는데 사실 '떡볶이에 미친' 분들은 따로 있다는 게 필자의 생각이다. 짱떡볶이 주인아주머니는 '돌아온떡볶이' 주인할머니를 닮고 두 아드님에게서 '콩이네' 주인아저씨와 닮은 모습을 찾을 수 있었듯, 세상에 '떡볶이에 미쳤다'고 할 수 있는 분은 정말 많다. 이곳을 포함하여 떡볶이에 열과 성을 다하는 주인장의 음식을 먹을 수 있음에 감사한 마음이 새삼스레 샘솟는다.

되돌이켜 봐도 이곳 음식은 '말이 안 된다'는 생각이 먼저 든다. 가격은 저렴한데 제공되는 양은 아주 넉넉하고, 심지어 떡볶이를 만드는 데는 총 열여덟 가지의 재료가 들어간다. 1인분 2,000원짜리 떡볶이에 상상할 수 없는 숫자다. 튀김 또한 매일 새 기름을 두 번 교체하여 사용하고 당일 새벽에 준비한 재료로 만드는 곳이다.

짱떡볶이 주인아주머니와 두 아드님

그런데도 이곳 주인아주머니와 두 아드님은 이것도 부족하다고 느꼈는지 **방송 후에 재료를 더 아낌없이 사용**하고 있다. 특히 떡볶이 육수와 어묵 육수에는 '들이붓는다'고 느낄 만큼 황태와 건새우가 들어간다. 이렇게 넣어도 되나 싶을 정도다.

"멀리서 온 분들에게 실망을 드릴 수 없어 재료를 더 많이 넣고 음식을 만들고 있습니다. 손님들은 음식 가격을 올리라는 말을 해주곤 하지만, 사실 떡볶이는 서민 음식이잖아요. 값이 오른 재료가 많고 그 재료들을 더 많이 사용하고 있지만, 가격을 차마 올릴 수가 없겠더라고요."

이런 말씀에 고개를 숙일 수밖에 없었고 행여 필자의 불민함으로 놓친 부분이 있을까 봐 몇 차례 더 방문할 수밖에 없었다.

인생은 선택의 연속이다.

자신의 이익을 위해 거짓말을 하거나 돈과 명예를 위해 사는 사람들도 있지만, 이렇게 정직하게 떡볶이를 위해 노력하는 분들도 있다. 최고의 떡볶이를 위해 삶의 일부분을 포기하고 욕심을 버리는 이런 분들이 존재하니 분식을 좋아하는 필자는 행복하다.

'고진감래苦盡甘來'라는 사자성어에 어울렸던 이곳, 이제는 '음덕양보陰德陽報'가 되어 방송에도 소개되어 많은 분들에게 인정을 받는 곳이 되었다.

오늘도 주인아주머니와 두 아드님은 초심을 잃지 않고 자정이 넘은 밤부터 불을 밝힌다. 이곳을 찾는 손님들에게 정성과 마음이 담긴 음식을 만들기 위해.

영업시간 평일 오전 10시~당일 준비된 재료 마감까지
토요일 오전 9시 30분~당일 준비된 재료 마감까지
(마감시간 평일 오후 4시 전후 / 토요일 오후 2시 전후)

휴무일 일요일, 매월 첫째 주 월요일

주소 경기 남양주시 의안로 129-24 씨티프라자 101호 (평내동)

연락처 無 (개인 연락처)

이 집 어때요?

• 떡볶이 맛이 다른 곳과 달라서 처음에는 긴가민가했는데요, 여러 번 먹어 보니 맛있는 곳 같아요. 먹자마자 '맛있다!' 하는 느낌보다는 먹을수록 끌리고 생각나는 맛이더라고요. 처음 왔을 때는 음식값이 싸서 오시나 보다 했는데 그게 아니었어요. 확실히 프랜차이즈와 달라요. 떡볶이, 튀김, 김밥, 순대 고루고루 맛있어요.

– 노원준, 조수현 씨

• 아이들도 좋아해서 이틀에 한 번 꼭 들릅니다. 야채튀김과 오징어튀김을 식탁에 올려두면, 우리 아이가 남자아이인데 왔다 갔다 하면서 먹거든요. 퇴근하면 다 팔리고 없어서 꼭 출근 전에 들른답니다.

– 김미화 씨

• 지난주 다녀왔는데 아주 기분 좋은 집입니다. 떡볶이 맛도 좋고 튀김도 맛나고요. 허나 튀김이 만두만 남아서… 다른 튀김은 못 먹었어요. 오후에 가면 그것마저도 없을 거란… 조만간 다시 방문해서 모든 튀김을 먹어 보려고요. 저도 나름 여기저기 떡볶이집 다녀봤는데 여기처럼 친절하신 분들은 처음이었네요.

– ID: 새총(46세, 맛있는 탐구생활 동호회 회원)

• 저 어렸을 적부터 다녔던 곳인데 평내동 아파트 들어설 적부터 하셨죠. 첨엔 도롯가에 포장마차로 시작했다가 아주머니 혼자 하셨는데 아드님들 직장 그만두고 같이 도와서 하다가 상가로 자리 잡으셨죠. 추억이네요. 나이 앞자리가 바뀌었다니….

– ID: AYOUNG(37세, 맛있는 탐구생활 동호회 회원)

• 다녀왔습니다. 국물 가득한 떡볶이랑 다량의 튀김 맛나게 먹고 왔어요. 네 명이 저렴하게 배불리 먹고 튀김은 바삭하면서 새 기름인 듯 좋았습니다. 줄을 서서 기다리면 어떻게 고를까 고민하는 재미도 괜찮더라고요. 좋은 곳 알려주셔서 고맙습니다.

– ID: 두루무사(51세, 맛있는 탐구생활 동호회 회원)

02

진이네 떡볶이

빨간색만 떡볶이냐, 착한 마음 닮은 하얀 떡볶이

명일동에는 하얀 떡볶이로 유명한 분식집이 있다. 22년 전 주양상가 앞 포장마차에서 시작된 이곳은 김두진 주인아주머니 본인 이름을 상호로 사용할 정도로 음식에 대한 자부심이 높은 곳이다.

이곳을 처음 방문했을 때가 기억나지 않지만, 2010년 12월호《레이디경향》잡지에 필자가 글을 쓰게 되면서 이곳도 소개했었기에 첫 방문 시기는 그 이전일 것이다.

이곳 떡볶이는 보통의 빨간 떡볶이와 달리 **하얀 떡볶이**라서 새로웠고 맛도 좋아 자주 찾았던 곳이다.

특별한 것이 없어 보이는 하얀 떡볶이였지만, 주인장 본인 노하우를 음식에 집약시킨 곳이다. 그래서일까? 과거 프랜차이즈 대표 등 분식업계 종사자들이 맛과 노하우를 탐색하기 위해 모임 형태로 유명한 떡볶이집에 다닐 때, 필수 코스처럼 이곳에 찾아와 떡볶이 조리 과정에 대해 여러 차례 배워간 적이 있다.

"특별한 것은 없어요. 어릴 때 할머니에게 배운 음식을 떡볶이에 응용한 것이에요."라고 손사래 치는 주인아주머니는 겸손을 보였지만 동종업계 종사자들이 배우려 했던 특별한 노하우가 분명 있을 것이다. 호기심이 생기는 대목이다.

책 집필을 위해 이번에도 몇 차례 방문했다.

• 순한 떡볶이, 하지만 안에 담긴 신념은 강하다

2019년 10월 중순 저녁 7시쯤 찾아가 보니 쌀쌀해진 날씨에도 손님들이 떡볶이집 밖에서 줄지어 서 있었다.

주인아주머니가 고덕2동 새마을부녀회장이 되어 낮에 봉사하는 일

도 생기다 보니 저녁 6~7시 전후로 문 여는 날이 많아졌기 때문이다.

필자도 그 행렬에 참가했고 매장 안에 들어가서도 다시 기다림이 이어졌다. 그 사이 떡볶이 판이 눈에 들어왔다. 떡볶이 판이 특이하다. 높이가 꽤 높고 깊은 떡볶이 통이다.

1968년생인 주인아주머니는 유년 시절을 공주에서 보냈고. 순댓국 만드는 할머니와 함께 살면서 음식 만드는 것을 보고 배웠다고 한다. 가마솥 장작불을 다룰 줄 아는 주인아주머니는 **떡에 간이 안 배어 있고 양념 맛으로 먹는 요즘의 떡볶이에 실망하고 떡볶이 판을 직접 고안해 만든 것이다.**

이는 불규칙적으로 움직이는 물 분자의 브라운운동과 삼투압 원리가 떡볶이 조리 과정에 효과적으로 이루어져 원하는 떡 식감과 맛을 얻기

위함인데 이런 과학적인 원리까지 자세하게 알 필요는 없다.

특별 제작된 떡볶이 통은 높이가 꽤 높아 한 번에 많은 양의 떡볶이를 만들 수 있어 보였다. 하지만 주인아주머니는 손님이 많아도 최상의 떡볶이 맛을 위해 10인분 좀 넘는 양만 만드는데 끓이고 뜸을 들이는 과정을 세 차례 반복하면서 공을 들였다. 이는 떡심까지 푹 익혀내기 위함이다. 그래서 시간이 필요했다.

처음 온 손님처럼 보이는 사람이 소리쳤다.

"덜 끓여도 좋으니 빨리 주세요!"

그러자 주인아주머니는 "5분만 더 끓이면 더 맛있어져요."라고 미소로 답했다.

기다림 끝에 떡볶이가 나왔다. 어? 우리가 아는 떡볶이 색이 아니다.

모르고 온 사람은 당황할 수 있는 떡볶이 색깔이다. 뭐가 덜 들어간 게 아닌가, 색이 이래서 맛이 날까 싶지만 일단 먹어 보면 괜한 걱정이었음을 깨닫는다.

하얗다. 하얀 떡볶이다. 그리고 보통 떡볶이집은 미지근한 온도로 떡볶이가 제공되는데 이 집 떡볶이는 상당히 뜨거운 상태로 제공되었다.

갓 나온 떡볶이 떡을 포크로 찍어 드니 활처럼 휘어졌다. 떡을 끊어 먹지 않고 한입에 넣었다. 상당히 뜨겁다. 뜨거워서 입을 벌리고 허-허- 공기를 넣고 빼면서 공기 마찰로 식혀냈다.

입 안에서 뜨거운 온기와 사투를 벌이면서 나도 모르게 입 안을 바삐 움직이니 기분까지 좋아졌다. 입천장에서 식도를 타고 내려오는 뜨거운 기운에 맵고 단, 맛 성분까지 더해져 쾌감, 쾌락으로 겹쳐 느껴지기 때문이다.

입 안에서 "저는 밀떡이에요!"라고 소리치듯 떡 맛도 온전히 느껴졌다. 간도 잘 배인 떡 맛이 좋다. 야들야들 부드럽다. 떡이 녹는다. 살살 녹는다. 물떡처럼, 수분을 많이 보듬은 부드러운 식감이다.

그런데 이런 떡 식감에 대한 희열은 오래가지 않았다. 떡볶이가 서서히 식어가면서 5분 전후로 떡 맛의 절정이 한풀 꺾이기 때문이다. 하지만 아쉬움은 잠깐, 또 다른 즐거움이 찾아온다. 떡의 존재감에 숨죽이던 떡볶이 국물이 그제야 존재감을 드러냈기 때문이다.

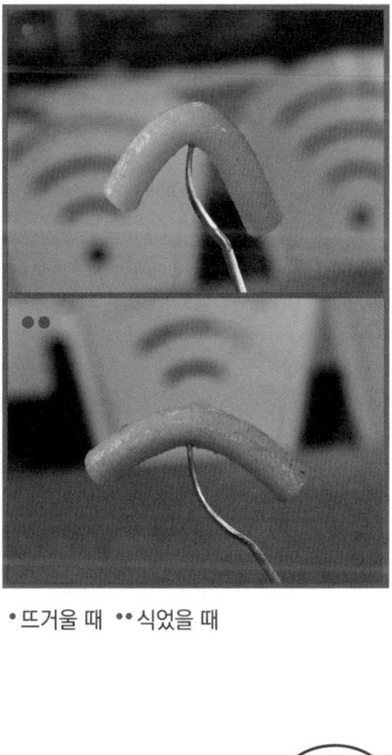

•뜨거울 때 ••식었을 때

떡볶이 국물 맛이 떡 맛을 이기기 시작한다. 이때 활처럼 휘던 떡은 자존심을 세우며 단단해진다. 포크로 떡을 들어도 휘지 않는다. 이 상태의 떡은 쫀쫀하고 씹을수록 쫄깃하다. 떡 재료인 밀가루 성분의 글루텐이 제 역할을 하기 시작한 것이다.

삼투압 현상을 극대화한 조

리법으로 만들어진 밀떡은 오래 끓이지 않아 하얗고, (국물 농도는 묽지만) 밀떡 속에 양념 간이 잘 밴 흔치 않은 떡볶이였다.

뜨거운 온열감에 감춰져 있던 떡볶이 국물은 떡볶이가 식으면서 매콤하고 달콤한 맛으로 존재감을 뽐냈는데 그 맛은 강하지 않고 순하다. 어릴 적 학교 앞에서 먹던 바로 그 맛이다.

이런 소스 맛이 많이 느껴지는 것을 좋아하는 일부 단골손님은 먹기 전에 졸여진 떡볶이를 달라고 주문하기도 한다.

비단결처럼 곱게 갓 빻아낸 고운 고춧가루를 더해 만든 국물 양념장은 추억의 고추장 떡볶이 맛을 떠올리게 하기 충분하다. 우리에게 익숙한 양념이 주인아주머니만의 손길로 빛을 발했기 때문이다.

식습관에 의해 형성된 익숙한 맛을 우리는 무시할 수 없다. 대부분 사람들이 어머니 음식이 최고라고 생각하는 것처럼, 만드는 이의 손저울 마법은 생각한 것 이상으로 위대하다. 똑같은 재료라도 만드는 이의 기술, 양념 비율도 중요한 것이다. 태양초 국산 고춧가루 등을 고추장에 더하는 비율로 이곳만의 맛이 완성되는 것처럼.

그런데 우연히 처음 온 손님과 단골손님이 떡볶이를 먹는 방법이 다르다는 것을 발견했다. **처음 온 손님은 대부분 포크로 떡을 찍어 먹고 단골손님들은 대부분 수저를 이용해 국물과 함께 먹었다.** 국물떡볶이처럼, 국물과 함께 먹어야 매콤하고 달콤한 소스 맛을 함께 느낄 수 있다는 경험에 의한 행동일 것이다. 어떤 방식으로 먹든 취향 차이겠지만, 처음 온 손님과 단골손님의 먹는 방식이 다르다는 점이 재밌다.

이곳 떡볶이는 가마솥 가열의 원리와 삼투압 현상을 극대화하고자 국물이 많은 편이지만, 국물떡볶이는 아니다. 이는 주재료와 부재료가 겉돌지 않도록 고안한 방식인 건데 알고 보면 단순하지만, 남다른 조리 방식에 동종 업계 업주들도 배워 갈 정도이다.

가루로 만들어진 밀가루 떡과 국물(수분)의 상호 작용으로 떡 식감의 감흥이 최고조일 때의 떡 맛을 알게 된다면, '제대로 만들어진 판 떡볶이는 떡 맛이 기본이고 중심'이라는 진리를 실감하고 깨우치게 된다.

• 국밥처럼 토렴한 튀김의 참맛

튀김을 주문했다. 영업 시작 전, 주방에서 준비하는 튀김은 특이하게 얼음물이나 찬물을 이용하지 않고 뜨거운 물을 이용한 **익반죽**으로 만들 때도 있었다.

그런 모습을 처음 봐서 물어보니 주인아주머니는 "우리는 다른 곳보다 기름 온도가 높습니다. 반죽보다 기름 온도를 어떻게 관리하느냐에 따라 기름 범벅된 튀김이 만들어지거나 깔끔한 튀김이 만들어질 수 있는 것이에요."라고 대답해 준다.

주인아주머니만의 노하우 때문인지 갓 튀겨진 튀김은 깔끔하고 고소함도 남다르다. 특히 튀김만두의 고소함은 압권이다. 분식집에서 흔하지 않은 납작한 감자튀김도 빼놓을 수 없는 별미다.

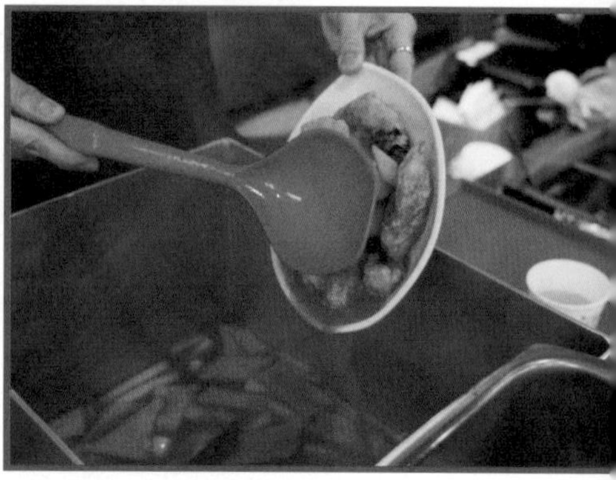

손님이 튀김을 주문하면, 주인아주머니는 튀김을 그냥 먹을지 떡볶이 국물에 버무려 먹을지 물어본다. 떡볶이 국물에 버무려달라고 하자 뜨거운 떡볶이 국물에 서너 번 토렴하여 튀김에 온열감을 주어 새 생명을 불어넣는다. 토렴 과정이 필수인 순댓국을 만들던 할머니에게 어릴 적 배운 것을 튀김에 응용한 것이다.

떡볶이 국물에 토렴한 튀김도 먹어본다. 바삭함이 누그러진 대신 부드러움이 살아난 튀김을 입 안에 넣으니 생각했던 것 이상 뜨거웠다. 그래서 입을 채 닫지 못하고 숨을 불어가며 먹을 수밖에 없다. 한 김 식히니 그제야 제대로 맛이 느껴진다. 바삭함과 부드러움이 공존하는 튀김과

범벅으로 달라고 하면 튀김 위에 떡볶이 국물을 끼얹어 주는 게 보통인데, 진이네는 토렴하여 떡볶이 국물이 튀김에 흠뻑 스미도록 해서 준다.

매콤하고 달콤한 떡볶이 국물이 만나 맛의 정점을 이루고는 저절로 식도를 타고 내려간다.

튀김이 가진 따뜻한 기운이 입 안은 물론 배까지 따뜻하게 데워 주었다. 그 느낌이 좋다. 근심 걱정이 있던 하루의 피로도 잊게 해준다.

떡볶이 국물 맛이 순하다 보니 튀김 맛도 온전히 느껴진다. 특히 이곳 튀김의 왕 중의 왕 튀김만두의 바삭함과 고소함은 여전하다. 하지만 아무리 조화롭더라도 천천히 음미할 수는 없다. 시간이 지나 국물에 버무린 튀김이 식게 되면 튀김옷은 부드러움을 넘어 흐물흐물해지기 때문이다. 그러니 반드시 누군가 이 튀김을 빼앗아 먹는다고 생각하고 빨리 먹어야 한다.

진이네 떡볶이 맛의 포인트는 온도에 있다. 열이 오르면 따듯한 찹쌀떡처럼 부드러우며 떡을 씹는 감흥이 뇌를 지배하고 열이 식으면 쫄깃해지는 떡과 별개로 떡볶이 국물의 존재감이 커진다. 음식 온도와 조리 시간에 따라 달라지는 떡볶이와 토렴한 튀김 맛 차이도 알게 된다면, 방문 실패의 확률도 줄어든다.

• 하루 3시간만 먹을 수 있는 떡볶이

최근에는 오후 6~7시쯤 가게 문을 열어 3시간 정도만 영업하고 문을 닫는다. 성격 급한 사람은 떡볶이 먹기 정말 힘든 곳이다.

늦게 문을 여는 이유가 있다. 봉사활동 때문이다. 포장마차에서 떡볶이 만들던 21년 전 인근 예담원 원장이 "우리 아이들에게 떡볶이를 주고 싶다"고 말했던 것이 인연의 시작이었다.

그때는 월드컵 등의 이유로 노점 단속이 유독 심해 준비했던 재료를 버리는 경우가 많았다. 버리는 재료가 아깝기도 해서 예담원 아이들에게 떡볶이를 만들어 주는 횟수가 많아지게 된 것인데 그때마다 좋아하는 아이들을 보게 되면서 봉사라는 것은 돈을 많이 번 후에 거창하게 하는 것이 아니라 평범한 일상에서 조금씩 나누는 것임을 깨닫게 되었다고 한다. 그 뒤로 우성원, 동천요양원, 신아원, 암사재활원 등에 21년 동안 일요일마다 주기적으로 봉사하러 가고 최근에는 고덕2동 새마을 부녀회장을 맡게 되어 평일 낮에도 주 2~3회 노인복지회관에서 봉사활동을 한다.

평소 이것을 알고 있는 단골손님들은 문을 늦게 여는 것에 불만이 없고 열어준 것에 감사한 마음을 가진다.

"학창 시절 가정 형편이 갑자기 어려워졌어요. 열아홉에 친구들이 대학 가기 위해 공부할 때 저는 여섯 식구 가장 노릇하면서 먹고 살 끼니 걱정을 했습니다. 봉제공장을 다니면서 옷을 만들었고 동생 셋을 고

주인아주머니의 일주일은 봉사활동으로 빽빽하다. 과장을 좀 보태면 봉사하려고 장사한다고 할 수 있을 정도. 그래서 불규칙한 영업시간과 예약손님을 우선하는 방식에 불편함을 느낄 수 있다. 하지만 나눔 봉사를 함께한다는 느낌으로 조금 더 너그럽게 기다려 드리면 어떨까 하는 게 개인적인 마음이다.

등학교 졸업시키고 대학을 모두 보냈어요."라고 말하는 주인아주머니는 이렇게 학창시절부터 희생정신을 가지고 있다.

주인아주머니는 경제적으로 여유로워서 20여 년 동안 꾸준히 봉사해오고 있는 것도 아니었다. 평생 마음에 드는 옷을 사본 일이 한 번도 없을 정도로 빠듯한 살림 속에서도 본인은 절제하고 남을 위해 봉사하는 것이다.

김두진 주인아주머니의 봉사 현장을 열 차례 따라다녔다. 따라쟁이처럼, 주인아주머니의 봉사 현장을 찾아다닌 것이다.

2019년 10월 20일은 봉사 일정이 당겨져서 오전에는 하계동에 있는 동천일리하우스(구: 동천요양원)에서 사랑 나눔 봉사를 하고 오후에는 천안에 있는 신아원으로 가서 사랑 나눔 봉사를 했다. 대단하다. 존경스럽다.

천안 신아원 1대 원장님 며느님으로 지금까지 신아원 버팀목이 되어 일을 도와주고 계시는 김인숙 사모님은 주인아주머니에 대해 이렇게 이야기했다.

"이 아이들이 내 인생의 전부입니다. (2020년 기준) 33년 동안 이곳에 있으면서 그동안 봉사하는 수많은 사람들을 겪어봤는데 김두진 이분은 다른 표현이 필요 없습니다. 그냥 봉사하는 분입니다. **봉사를 위해 사는 분**이에요."

주인아주머니는 "손님들의 빈 떡볶이 접시를 보면 행복해요. 저는 손님에게 행복을 팔고 있어요."라고 하셨는데 우리들과 생각 자체가 다른 분이었다. 봉사하는 것이 주인아주머니만의 지혜로운 삶의 방식이다.

20여 년이나 사비로 재료를 사서 떡볶이 봉사하는 것에 대해 주인아주머니는 이렇게 말했다.

"한번 놀러 가게 되면 돈을 쓰잖아요. 저는 그 돈으로 봉사하기 때문에 돈이 전혀 아깝지 않습니다. 사랑 나눔 봉사를 통해 에너지를 얻고,

봉사했으니 즐거울 수밖에 없잖아요. 즐거우니 웃을 수 있고 음식이 맛있을 수밖에 없다고 생각해요."

진이네 떡볶이 주인아주머니

이분은 돈에 대한 욕심도 없어 하루에 떡볶이 100인분 정도만 만든다.

떡볶이의 산업화, 인스턴트화로 재료비를 줄이고 이윤을 더 추구하려는 요즘 떡볶이 업계에 돈이 전부가 아니라는 메시지를 던지고 돈을 위해 사는 떡볶이 업주들과 우리들에게도 많은 생각을 하게 만드는 곳이 아닐까?

진이네 떡볶이집 주인아주머니는 성냥 같은 사람이다. 따듯한 마음이 불씨가 되어 다른 사람 앞에 모닥불처럼 피어나 온기를 주는 분이었다.

"저는 제일 아름답게 늙는 노인이 되고 싶습니다. 봉사는 제 노후예요."

본인만의 철학으로 떡볶이를 만들고, 오늘도 김 반장이 되어 동에 번쩍 서에 번쩍 나타나 봉사를 한다. 김 반장의 이름은 김두진. 진이네 떡볶이 주인아주머니다.

영업시간 오후 6시 또는 오후 7~10시 (영업시작과 마감시간 유동적)

휴무일 일요일(봉사활동으로 불규칙함, 전화 필수)

주소 서울 강동구 동남로71길 23 상가 1층

연락처 010-7237-5878

이 집 어때요?

• 어디든 맛있는 음식이 많지만, 이곳은 20년 전이나 지금이나 가족이 아니어도 가족 같은 포근함이 있습니다. 일반 가게에서 사 먹는 느낌이 아닌 집에서 먹는 듯, 보이지 않는 끈끈한 정이 있어서 좋습니다. 제 나이 서른여덟이 되는 동안 변함없이 그 모습을 유지한다는 것이 대단해요. 또 봉사활동을 해오셨다는 것을 이번에 알게 되었는데 내색 없이 그런 착한 일을 해오셨다는 게 정말 놀랍고 존경스럽네요.

- 정재훈 씨(38세), 조민지 씨(38세)

• 제가 중학생일 때, 그러니까 주인아주머니가 포장마차 하실 때부터 알았습니다. 항상 밝게 맞이해 주셔서 좋습니다. 저는 여기가 뱀파이어 같은 곳이라고 생각해요. 주인아주머니도 변하지 않고 그대로 계시고 맛도 한결같거든요. 여기는 하얀 떡볶이인데 떡이 야들야들하고 간이 세지 않은데도 계속 먹고 싶은 맛이라 일주일에 한 번 이상은 꼭 들릅니다.

- 김다솔 씨(35세)

• 처음에는 너무 묽어서 이게 무슨 떡볶이인가 했는데 집에 가니 자꾸 생각나더라고요. 매일 오는 것은 아니지만, 떡볶이가 생각나면 꼭 들릅니다. 제 아들도 좋아해서 제가 자주 떡볶이를 사다 주죠.

- 이경미 씨(53세)

• 저는 튀김을 찍어 먹는 사람인데 튀김을 떡볶이 국물에 토렴을 한데서 신기했는데 먹어 보니 더 고소하더라고요. 그리고 제가 여기 처음 왔을 때 떡볶이, 튀김 각각 1인분씩 주문하니 주인아주머니가 많을 거라고 떡볶이 2,000원어치만 줄 테니 부족하면 그때 주겠다고 하는 것이 기억에 남았어요. 더 팔려고 하는 것이 아니라서요.

- 허경희 씨(41세)

• 떡볶이가 맵지 않고 하얀데 떡에 간이 배어 있어요. 국물은 굉장히 흐린데 싱겁지 않아서 좋습니다. 튀김도 매일 그때그때 튀겨주니까 바삭해요.

\- 임양희 씨(41세)

03

콩이네

시장이라 얕보지 말 것,
무엇을 상상하든 그 이상의 감동

여느 시장이 그렇듯 중곡제일골목시장 안에는 먹거리가 많다. 그중 손님으로 항상 붐비는 이 떡볶이집은 지나가는 이들의 눈길을 끌기에 충분하다. 간판도 없이 '콩이네'라는 작은 명패를 가지고 전통시장 안에 가게를 연 지도 벌써 12년이 되었다. 당초 떡볶이 만드는 방법을 알려주기로 한 사장님이 연락 두절되어 주인아저씨 스스로 연구를 거듭하여 탄생한 떡볶이인데 노력이 아깝지 않을 만큼 손님들에게 맛으로 사랑받고 있다.

조금 놀라운 것은 김주복 주인아저씨가 이탈리안 레스토랑 셰프 출신이라는 점이다. 경희호텔경영전문대학 식품영양학과(현재 경희대학교)를 졸업하고 이탈리안 레스토랑에서 10년간 근무했던 35세 젊은 셰프는 본인의 가게를 가지고 싶은 꿈을 가지고 독립했다. 그리고 이곳 시장에 자리를 잡고 떡볶이와 튀김을 만들기 시작했는데 12년이 지나 어느덧 47세의 중년이 되었다.

• 먹기 전부터 기분 좋아지는 이 가게의 매력

필자는 이곳이 숨은 맛집이라는 입소문을 듣고 2017년 겨울 처음 방문했다. 진정성이 담긴 음식에 감동하고 손님에게 대하는 친절함과 주인장 본인에 대한 겸손함이 좋은 인상으로 남아 자주 찾게 된 곳인데 알고 보니 분식 역사에 한 획을 그을 만한 뭔가가 숨겨져 있는 곳이었다.

주인아저씨는 경제적 여건이 안 되어 이곳에서 음식을 만들게 되었는데 환경이 쾌적하지 못해 손님에게 죄송하다고 했다. 한번은 장사를 준비하는 시간에 대한 구체적인 이야기를 들은 적이 있는데 가히 놀라웠다.

“평일에는 마감하면 저녁 10시거든요. 그때부터 다음 날 장사를 준비하는데요. 삶아 둬야 할 건 삶아 놓고 자정쯤 버섯, 야채튀김 준비하면 새벽 2시쯤 되더라고요. 그때 잠깐 눈을 붙였다가 새벽 6시에 일어나서 아침 7시부터 김말이, 고추, 양파튀김을 준비하는 게 하루의 시작입니다.”

콩이네는 월요일부터 금요일까지 평일에만 가게 문을 연다. 그럼 주말 이틀은 휴일인 거냐 하면, 절대 아니다.

“주말에도 일할 수밖에 없습니다. 평일 닷새 동안 사용할 물건을 토요일 오전에 사는데요. 이후 시간에는 대파 15단, 양파 15kg, 고구마 35kg을 손질하고 밀가루 치는 작업을 해요. 다음 날인 일요일에는 떡볶이 양념장도 만들고 오징어 등 재료를 손질하고 삶고 볶고 해요. 그래서 휴일은 이틀이지만, 남는 시간이 단 몇 시간도 되지 않아 애들하고 밥 먹을 시간이 없더라고요. 다른 사람들이 생각하면 이해를 못 해요. 가족들도 이해 못 하니깐요. 모르겠습니다. 제가 느린 건지 능력이 부족한 것인지를요.”

왜 이렇게까지 힘들게 일을 하느냐고 묻자 다들 이렇게 하고 있지 않냐며 살아남기 위함이라고 단순하게 대답하고는 별거 없다고 손사래 쳤지만, 몇 번 방문하다 보니 고지식할 정도로 음식에 대한 신념을 가진 분임을 알 수 있었다.

사실 하루 이틀도 아니고 장기간에 걸쳐 떡볶이와 튀김 때문에 이렇게 잠을 제대로 못 자면서 준비하는 것은 비상식적이고 비효율적인 일이라고 대부분의 사람들은 생각할 것이다.

'이거 과장 아냐? 설마 그러겠어?'

떡볶이 경험이 많은 필자도 그런 생각을 가졌지만 직접 맛을 보고 주인장이 일하는 모습과 대화 몇 마디에 자연스럽게 의구심은 풀어진다.

16년 동안 전국에 있는 떡볶이집을 찾아다니고 있지만 이렇게 **매일 4시간밖에 못 자면서 홀로 음식 준비를 하는 떡볶이집**은 아직 보지 못했다. 느낀 점을 43세 정미경 주인아주머니에게 솔직하게 이야기하니, "제가 못 도와주어서요."라고 의외의 대답이 돌아온다. 그리고는 "다음에는 남편이 오전 10시 출근해서 저녁 10시 퇴근할 수 있는 편한 일을 했으면 좋겠어요. 잠을 못 자고 일하는 것이 안타까워요." 이렇게 소박한 속마음을 내비치기도 했다.

부창부수夫唱婦隨라는 사자성어가 생각나게 하는 이들 부부는 **사람을 기분 좋게 만드는 힘이 있다.** 방송과 동시에 다수의 뉴스와 블로그 등을 통해 필요 이상의 정보가 과잉 공급되는 요즘이다. 오직 미디어에 소개된 내용으로 그 음식에 대한 가치가 자연스럽게 형성되기도 하는 맛집 홍수 시대에 살고 있다 보니 이렇게 순박함이 묻어나는 진정성에 미소가 지어질 수밖에 없다.

미디어에 나온 음식점이 정말 맛집인지 아닌지 논하자는 게 아니다. 단지 자본주의 사회, 광고 사회에서는 언론·방송 등 각종 미디어에 노출되는 횟수에 따라 '유명한 집이 더 유명해질 기회가 많아진다는 점'을 짚고 싶을 뿐이다.

• 좋은 재료에 배려 한 스푼, 정성 두 스푼

책 출간 준비를 위해 다시 방문해서 주인아저씨와 대화하면서 떡볶이도 다시 먹어 봤다.

떡볶이를 주문하면 먼저 어묵 국물을 내어준다. 다시마, 멸치진액 등으로 해물 육수의 깊은 감칠맛을 더한 어묵 국물이다. 아니 풍미가 깊은 우동 육수 DNA를 가진 국물이었다.

일식 우동 잘하는 우동 국물과 흡사하게 맛도 깊었는데 풍부한 국물 맛에 반할 때 짠맛이 느껴졌다. 무슨 짠맛이지? 호기심이 생길 정도의 좋은 짠맛이었다. 간도 딱 맞았다.

고명으로 올라간 김의 향과 튀김 부스러기 맛이 어묵 국물에 살아 숨쉬었다. 채수를 따로 뽑아낸 것은 아니지만 양배추 심, 대파 뿌리, 배추 등을 넣어 채수의 시원함도 있었다.

떡볶이 만드는 과정도 살펴봤다. 떡은 길고 굵은 가래떡을 사용했다. 주방 안에서 육수와 양념을 넣어 초벌로 끓이면서 1차로 가래떡을 익힌 후 가판대 앞 떡볶이 판으로 옮겨 2차로 다시 끓여 내었다. 낮은 온도로 조리하여 떡과 양념이 고루 어우러지면서 맛이 배는 과정도 있었다. 떡볶이 판의 수증기가 봄날에 피어나는 아지랑이로 보였다. 여기에는 맛있는 음식으로 활짝 피기 전의 설렘이 가득 담겨 있다.

그렇게 완성되어 받은 떡볶이에는 **특이하게 양배추, 깻잎, 고구마 등의 채소가 듬뿍 올라가 있었다.** 채소를 떡볶이 위에 올리게 된 것도 일전에 재

료 상점의 실수로 매운 고춧가루가 들어온 적이 있는데 손님들이 먹기 불편할까 싶어 채소를 올린 것이 시초라고 한다. 이때 생각보다 반응이 좋아서 지금까지 이어졌다고 하니 손님에 대한 배려심이 남다르다는 생각도 들었다.

화분에서 피어난 꽃처럼, 양념장과 육수를 양분 삼아 맛을 피워낸 떡볶이를 먹어 보니 가래떡의 부드러움과 쫄깃한 식감이 공존하고 씹을수록 구수함이 느껴졌다. 배, 대파, 양파 등의 과일과 채소가 더해져 기분 좋게 다가오는 은은한 단맛과 칼칼한 매운맛이 정갈하다 느껴질 정도로 맛이 깔끔했다.

채소와 함께 떡볶이를 먹으면 눈 덮인 거리를 걸을 때 나는 뽀드득 소리처럼, 사각사각 아작아작한 식감이 청각을 자극해 다채로움이 느껴진다.

여운이 긴 떡볶이 맛이다. 잔상이 남는 것은 채소에서 오는 아삭한 식감 때문도 아니고 양파나 과일 맛 때문도 아니다. 마늘이 꽤 많이 들어갔음에도 그 맛이 거의 느껴지지 않을 정도로 맛의 어우러짐이 좋았기 때문이다.

이렇게 좋은 여운을 남긴 떡볶이는 어떻게 만들어질까? 호기심이 생겼다.

떡볶이는 고춧가루와 고추장이 더해진 양념장을 일주일 정도 숙성해 사용하고 어묵 국물도 더한다. 육수 어묵 등의 조미되는 성분 말고는 떡볶이 재료와 떡볶이 조리 과정에 미원, 쇠고기다시다 등 향미증진제가 들어가지 않는다. 흔한 고춧가루 또한 사용법이 남달랐는데 바로 **고춧가루청**을 만들어 쓰고 있었다.

주인아저씨는 처음에 한식집을 운영하는 어머니로부터 몇 가지 재료를 가져왔지만, 어머님이 바빠지셔서 요즘은 전라남도 고흥에 계신 장모님을 통해 고추청, 매실청, 양파청, 집 간장 등 여러 가지 청과 재료들을 받아서 사용한다고 했다.

집 간장에 더해 떡볶이와 어묵 국물 맛의 핵심이라며 보여준 것이 있었는데 바로 **멸치진액**이었다. 장모님이 보내주셨다는 식재료 중 한 가지인 멸치진액은 단순한 멸치액젓으로 볼 수도 있겠지만 그것보다 순하다. 간수를 뺀 천일염에 배추 절이듯 멸치를 절여내고 큰 항아리에 6개월간 숙성시킨 후 맑은 진액만 뽑아낸 것이다. 이 멸치진액이 천연 조미료 역할을 하면서 깊은 감칠맛을 극대화한다.

콩이네 음식 맛의 핵심인 고추청과 멸치진액. 시판 제품이 아니라 화학성분이 없고 그야말로 천연 조미료다.

흔히 쓰는 보리새우 또한 사용법이 남달랐다. 한 번 볶은 새우를 믹서에 갈아낸 후 그냥 쓰지 않고 한 번 더 말려서 떡볶이 재료에 사용한다. 이에 대해 주인아저씨는 '진미채'를 오븐에 구워 믹서에 갈아서 사용하면 꽤 구수하다는 것을 알고 있는데 오븐이 없어 이걸로 대신한다고 덧붙여 설명했다. 이곳 떡볶이가 씹으면 씹을수록 구수한 이유가 여기에 있었다.

이런 노력이 눈에 보여서일까? 이곳에 오면 항상 기분이 좋아진다. 더 나은 맛을 위해 연구도 게을리하지 않는다. 2020년 1월에 방문했을 때 느꼈던 감정이 아직도 생생하다.

당시는 지방에 다니면서 원고를 기고하던 때였는데 기분 전환을 위해 두어 달 만에 이곳에 방문했다. 예전의 맛만 생각하고 떡볶이를 먹었는데 뜻밖의 맛에 깜짝 놀랐다. 콩이네 떡볶이에 무슨 일이 있었던 걸까?

향긋한 향미와 구수함이 더 깊게 느껴졌고 숙성도를 높여 산미가 풍성해진 맛이었다. 단맛도 좀 더 부드러워졌다. 맛의 바탕은 같은데 완전히 다른 느낌으로 탈바꿈한 것이다.

균형 잡힌 몸에 근사한 옷을 걸친 느낌이랄까? 이런 반응에 주인아저씨는 그때처럼 또다시 별거 아니라며 손사래 쳤다.

"사실 저는 떡볶이를 잘 만들 줄 몰라서 한번 이렇게 해 본 겁니다. 파 등을 넣은 간장을 끓인 후 일정 기간 숙성시켜 사용하고 양파와 대파로 파 기름도 만들어 사용해 봤습니다. 손님들이 잘 모르고 있지만, 한두 달 전부터 이렇게 만들고 있었어요."

비린 맛을 없애기 위해 한 번 볶아낸 후 반찬처럼 양념한 멸치도 떡볶이에 사용하기 시작했다. 떡볶이에 볶음 양념 멸치라니. 자기주장이 강한 대추도 그 양을 가감해 천연 단맛을 더하고 고춧가루 다진 양념장 만들 생각도 내비치는 등 이렇게 본인이 알고 있는 노하우를 총동원해서 떡볶이를 만든다.

• 분식집 튀김의 패러다임을 바꾸다

이러한 정성은 튀김에도 고스란히 녹아 있다. 그래서 **튀김 맛집**으로 손꼽히기도 한다.

주인아저씨는 10년 동안 튀김을 만들면서 치자 물, 파슬리 가루 등 이것저것 시도해 봤지만, 그런 것들을 안 넣은 튀김 빛깔이 마음에 든다면서 기본에 충실한 방식으로 만들고 있다. 자주 바꾸는 깨끗한 식용유에 얼음물(찬물)을 이용한 반죽으로 튀김을 만들면서.

튀김옷도 남달랐다. 바삭한 식감을 위해 미리 채반에 치는 작업을 두 번 거친 밀가루와 전분, 그리고 튀김가루 세 가지 재료를 일정 비율로 섞은 후 다시 봉지에 담아 두고 튀김옷을 만드는데 튀김 재료에 따라 농도를 달리 사용하고 있었다.

튀김 만드는 것을 살펴보니 튀김옷을 입힌 재료를 단순히 기름에 넣는 것이 아니다. 주인아저씨만의 스킬로 집게를 이용해 재료에 따라 살짝 기름에 담그면서 휘젓기도 하고 담갔다 뺐다 몇 번 반복하면서 튀김 기름에 흔드는 모습도 볼 수 있다.

튀김을 주문하면 갓 나온 튀김이 있거나 재료가 소진되는 등의 특별한 상황이 아닌 이상 늘 새롭게 튀겨 주었다.

하얀색의 팽이버섯은 먹음직스럽게 노릇한 튀김으로 변했다. 팽이버섯튀김 하나에도 주인장의 섬세함이 숨어 있었다. 식감을 위해 대파의 질긴 녹색 부분은 제외하고 부드러운 하얀 부분과 연한 녹색 부분만 사

팽이버섯튀김. 콩이네 인기 품목이다.

용하고 있었기 때문이다.

열이 닿으면 아삭하고 쫄깃해지는 팽이버섯의 물성까지 끌고 올 것도 없다. 그저 팽이버섯은 씹는 박자에 맞추어 아작아작 춤을 추고 초록 옷을 입은 대파와 갈색 옷을 입은 어묵이 박수로 흥을 돋우니 식감이 엄청나다. 버섯과 어묵이 가진 감칠맛에 아삭하고 쫄깃한 식감이 더해지는 튀김은 꼭꼭 씹으면 대파의 단맛까지 더해져 그야말로 '분식집의 패러다임을 바꾼 튀김'이라는 생각까지 들었다. 눈과 입, 귀 모두 즐겁게 하니 말이다.

이 팽이버섯튀김은 얼핏 만들기 쉬워 보이지만, 대한민국 1세대 스시야로 유명한 '스시 효'에서 8년간 근무했던 셰프가 군산에 내려가 8년여 동안 튀김집을 운영하면서 연구해도 못 만들어냈던 튀김이다. 방송에 소개된 그 군산 튀김집 주인이 필자에게 이야기하길 "팽이버섯튀김을 만들고 싶었지만 못 만들어냈다"고 했는데 그만큼 만들기 까다로운 튀김인 것이다.

색동저고리를 입은 듯 오색찬란한 색 조합이 아름다웠던 튀김은 흔

야채튀김. 납작한 야채튀김을 생각했다면 생소할 수 있다.

히 볼 수 있는 납작한 모양의 야채튀김이 아니다. 여러 가지 채소를 포함한 재료를 채 썰어 롤처럼 어묵으로 감싸낸 튀김은 기름 열에 의해 고소함이 배가되어 있었고 오래 씹을수록 채소 본연의 맛이 느껴졌다.

조리 시간을 어떻게 했을까? 궁금할 정도로 뜨거운 기름을 거쳤음에도 양파가 여전히 아삭거렸다. 단단하고 아작한 식감의 당근은 오히려 기름 열에 의해 부드럽게 변신했다. 그 부드러움을 대파, 고추, 맛살을 통해서도 느낄 수 있다.

이 튀김이 재미있는 점은 또 하나 있다. 새송이버섯, 호박 등 계절에 따라 재료를 달리 사용하기 때문에 가는 시기에 따라 그것을 확인해 보는 재미가 있다.

양파튀김도 야채튀김처럼 처음 보는 튀김이었다. 이 튀김을 처음 먹었을 때 깜짝 놀랐는데 육안으로도 구별되는 속 재료인 오징어 맛은 물론 사이사이 진한 버섯 향이 느껴졌기 때문이다. 그 후 고추도 속 재료에 더해지면서 매콤한 맛도 함께 즐길 수 있게 되었다.

튀김 하나하나에 정성이 대단하다고 느낄 수 있었던 것은 단순히 재료를 곱게 다져 넣었기 때문만은 아니다. 버섯도 볶아서 넣는 등 재료의 특성을 이해하며 만들고 있었기 때문이다.

이런 정성을 손님들도 알게 되면서 어느 순간, 이곳에서 판매되는 음식 비중이 떡볶이에서 튀김으로 서서히 옮겨가게 되어 만드는 양도 늘어났다. 이런 변화 때문에 똑같이 일을 해도 낮 12시 오픈시간을 지키기가 어려워져 잠을 20~30분 정도 줄였다는 주인아저씨는 오히려 자신이 부족하여 시간 맞추기 힘든 것이라면서 고민하고 자책하는 속마음을 비치기도 했다.

항상 새로운 매력을 보이는 사람을 양파에 비유하기도 하는데 양파 역시 까다 보면 언젠가 끝이 보이기 마련이다. 하지만 이곳의 모든 것은 매력의 끝을 찾을 수가 없다.

몇 가지의 튀김을 시켜 보았다. 왼쪽의 오징어다리튀김이 독보적으로 시선을 잡아끈다.

한 상자에 26~27만 원이나 하는 최상급 뉴질랜드산 오징어를 사용한 튀김이다. 이곳 오징어다리 튀김은 부위에 따라 달라지는 식감의 변주도 느낄 수 있다. 오징어 눈(입) 주변부 그리고 몸통과 다리가 연결되는 부분은 오도독오도독 쫄깃한 식감을 느낄 수 있고 중간 부분은 부드럽다. 빨판이 있는 다리는 건오징어처럼 꼬독꼬독 쫄깃했다.

콩이네에 다녀온 블로그 후기 중에 재미있는 내용이 있었다. 자신의 막냇동생이 "고추튀김을 먹어 보지 않았으면 콩이네 아는 척하지 말라"고 했다는 것, 그래서 캐나다에서 들어오자마자 먹어 봤다는 것. 도대체 어떤 맛이길래? 그래서 필자도 먹어 봤다.

고추즙이 육즙처럼 퍼지고 두부, 오징어 등의 맛에 버섯 풍미까지 느낄 수 있었다. 놀라운 점은 오징어를 그대로 쓰지 않았다는 데 있다. 다른 음식에 들이는 주인아저씨 정성이 예사롭지 않아 혹시 속 재료 오징어도 볶아서 사용했냐고 물어본 적이 있다.

"오징어 수분을 없애기 위해 한 번 볶아서 사용해요."

요리를 할 줄 아는 분들에게는 당연한 상식으로 보이겠지만, 떡볶이와 튀김 재료 하나하나 원리 원칙을 지키는 어쩌면 고지식한 성격이 드러나는 부분이다.

김말이는 다른 곳에서도 많이 봤던 생김새였지만 짭조름한 당면에 좋은 품질의 김 향이 입 안 가득 느껴졌고 맛의 허세 없이 간결하면서도 맛이 깊었다.

여기에도 맛의 비밀이 숨어 있었다. 당면에 사용되는 간장이다. 일반 간장이 아니다. 한 번 끓이고 식혀 사용하는 간장에 고추청이 들어간다는데, 문득 이런 생각이 들었다. 이곳은 절임류의 청과 소금 염장 기술을 접목한 한식 원리를 잘 이용한 분식집이라는 점이다.

한식집을 운영하는 어머니의 영향과 식품영양학과 졸업 후 이탈리안 레스토랑에서 근무하면서 얻은 지식과 노하우를 접목해, 보통 간편식으로 치는 분식을 요리로 승격시키고 있었다.

•고추튀김 ••김말이튀김 •••고구마튀김

고구마튀김에는 고흥에 계신 주인아주머니 부모님이 재배한 고구마를 쓴다고 한다. 작은 반달 호미의 손길이 닿은 고구마는 부모님 사랑이 담겨 있어 더 달달하게 느껴졌다. 이 단순해 보이는 튀김도 고구마를 깨끗이 씻어내고 수분을 충분히 말려야만 했다. 무엇하나 손이 안 가는 튀김이 없다.

튀김은 언제 먹어야 가장 맛있을까? 갓 나와서 뜨거울 때.

아마 누구도 부정할 수 없을 거다. 튀김은 바삭함이 생명인데 만드는 이는 수분과의 싸움으로, 먹는 이는 시간과의 싸움으로 이 튀김의 생명을 연장할 수 있다.

하지만 콩이네를 방문하고는 튀김에 대한 생각이 달라졌다. 이곳에서 맛본 튀김은 열이 식어도 맛이 유지되고 오히려 재료 맛이 도드라져 맛의 감흥이 더 좋아졌기 때문이다.

뜨거운 튀김이 맛있게 느껴지는 것은 촉각을 맛으로 생각하는 착각 현상이다. 물론 그로 인한 '맛있음'은 오래가지 않고 자극만 늘어나 감각기관이 쉽게 피로해진다. 그러므로 잘 만든 튀김의 포인트는 눈에 보이는 튀김옷 맛이 아니라 튀김 재료에 있다고 말할 수 있겠다. 필자의 생각이다.

과거 튀김의 전설이라는 김설문일식에서 맛봤던 인삼튀김의 전율을 이곳 팽이버섯튀김을 통해 또 한 번 느낄 수 있어 좋았다.

• 착한 마음이 보답 받는 세상이 오기를

매번 방문할 때마다 주인장의 친절함과 음식 맛에 감동하여 기분 좋게 돌아가는 곳이지만, 안타까운 마음도 공존한다. 베푸는 정이 너무 많기 때문이다. 이윤만을 추구하는 여느 분식집과 달라도 너무 다르다.

튀김만 주문한 손님에게도 소량의 떡볶이를 무료로 제공하는 것은 기본이다. 주인아주머니는 1인분 금액보다 적은 금액의 순대를 달라고 하니 그렇게는 판매하고 있지 않는다고 하면서도 600원짜리 어묵 한 개만 먹고 가는 손님에게는 순대를 조금 잘라 무료로 내어 주기도 했다. 그 모습에 가슴이 따뜻해졌지만, 한편으로는 답답한 뭔가도 있었다.

대출을 받아야 가게를 계속 운영할 수 있을 것 같다는 주인아주머니의 이야기를 얼마 전에 들었기 때문이다. 책 집필을 위해 연속 방문하다 보니 음식 준비를 하는 주인아저씨로부터 이런 이야기도 듣게 되었다.

"제가 하는 일은 늘 하는 일이라 대단한 것은 없습니다. 바빠질수록 좋기는 하지만, 가끔은 어쩔 수 없이 음식을 만드느라 손님을 등한시할 수밖에 없는 상황이 될 때면, 오히려 독이 되는 것 같습니다."

그리고 이어서 깊은 고민의 속내를 내비쳤다.

"항상 느끼는 것이지만, 일보다는 덜된 제 인생을 뒤돌아보게 됩니다. 언제까지가 될지 모르겠지만, 하는 날까지 후회 없이 일하고 싶네요. 만약 나중에 가게를 그만두게 된다면, 너무 힘들어서 그만두는 것은 아닐 거예요. 경제적 여건이 허락되지 않아서일 것이에요."

이곳 음식들은 만약, 블라인드 테스트로 5성급 호텔의 유명 셰프가 만들었다고 이야기해도 대부분의 사람들이 믿을 정도로 맛의 균형이 좋고 깔끔하게 잘 만들어진 음식이다. 친절한 사장님, 저렴한 가격, 좋은 품질을 두루 갖추었으니 '매우 좋은 가게'라는 생각에 그칠 것이 아니라 이런 음식을 먹을 수 있음에 감사하고 정당한 대가를 지불하고 먹었으면 하는 필자의 마음은 그저 욕심일까?

이런 생각이 드는 것은 주인이 4시간 안팎의 잠을 청하면서 쉬지 않고 음식 준비를 하는 곳이라는 점을 잘 알고 있기 때문일지도 모른다.

어느 누구도 항상 완벽하지는 않다. 노력하면서 부족한 점을 채우는 것이다. 떡볶이와 튀김을 만들 줄 모르고 시작했지만, 10년 넘는 동안 이렇게 시간과 정성을 들여 음식을 만드니 그 노력이 결과를 배신하지 않았다. 그곳이 바로 콩이네였다.

어묵 국물 하나도 허투루 만들지 않는 주인아저씨다. 분식집에서 맛볼 거라 생각한 적 없는 내공 있는 국물 맛이다.

사실 이 책은 연출이나 과장 없는 정직한 곳만을 소개하기 위해 필자가 생각하는 베스트 집만을 엄선했고 친분 있는 분식집도 제외했다. 완성도를 높이기 위해 1년 6개월 동안 두문불출하며 지인들과의 사적인 만남도 모두 거절하면서 완성했다.

지인들과 멀어질 수 있음에도 이 일에 매진하는 필자도 '미쳤다' 싶지만, 이곳 주인아저씨는 정말 이래도 되나 싶을 정도로 너무 고지식하게 음식을 만들고 음식에 미친 분이다.

예절이 사람을 만들듯, 친절과 정성으로 손님을 대하는 착한 마음은 좋은 음식의 자양분이 되지 않을까 싶다. 이곳이 그런 곳이다.

행위에 대한 단순한 보답처럼 다른 이에게 예의상 받는 것으로는 누구도 자신이 존경 받지 않는다. 존경은 자신이 베푼 것에 대한 보답이다. 이분이 바로 필자에게 그런 분이었다.

김주복 주인아저씨는 본인 음식에 자부심을 느끼고 오늘도 잠을 줄

여가면서 고지식하게 음식을 준비한다. 고개를 숙이고 마음을 활짝 열어야 볼 수 있는 분식의 또 다른 세상이 중곡동에 있다.

영업시간 오후 12시~7시

휴무일 토요일, 일요일

주소 서울 광진구 긴고랑로9길 28 (중곡제일골목시장 103호)

연락처 개인 연락처라서 생략

이 집 어때요?

• 필자님 블로그 글을 보고 찾아갔는데 튀김이 정말 맛있더군요! 같이 주신 떡볶이도 좋고 너무너무 잘 먹고 왔습니다.

– 서이레 씨

• 글 보고 방문했습니다. 튀김이 식어도 맛있더군요. 맵고 짜지 않은 감칠맛이 나는 깊은 맛이었습니다. 엄치 척. 강추!

– 정영일 씨

• 여기 가봤는데 정말 떡볶이가 자극적이지도 않고 취향저격이었어요. 주인분들이 너무 겸손하시고 친절해서 놀랐네요.

– ID: 탱

• 여기 정말 맛도 있고 세상에서 제일 친절한 가게인 것 같아요. 정말 정말 매우 친절하세요. 전 서울에 안 살지만, 남자 친구가 여기 근처에 살아서 우연히 먹었는데 올 때마다 거의 이 집에 와서 먹는 것 같아요. 튀김은 정말 최고예요!

– ID: 도연

04

신세계떡볶이

불 맛 가득 진한 양념,
그야말로 마늘떡볶이의 신세계

'신세계떡볶이'는 서울 명동에 위치한 46년 전통 떡볶이집이다.

50년 전, 첫째 딸을 임신한 상태로 명동에서 함지를 놓고 노점을 시작했다는 68세 신영숙 주인아주머니는 단속 때문에 여러 곳에서 쫓겨나는 서러움을 안고 살았다고 한다.

노점 운영은 어려움이 컸지만, 어릴 때 아팠던 자식 생각에 용기를 가지고 명동과 을지로를 전전하며 떡볶이를 만들다가 남대문시장까지 가게 되었고 전두환 전 대통령이 남대문시장에 다녀간 후 단속을 하지 않아 신세계백화점 본점 후문 열세 개의 포장마차 중 한 곳에 자리 잡고 떡볶이를 만들게 되었다. 그러다가 제일은행 옛 본점 건물이 신세계로 매각되고 리모델링 공사가 시작되면서 보상을 받고 나온 후 우여곡절 끝에 12년 전, 명동에 자리를 잡았다. 이 자리에서 2대째 주인인 46세 성미정 막내따님과 함께 떡볶이를 만들기 시작했다.

이것이 명동에 위치한 46년 전통 '신세계떡볶이'의 산 역사이자 **서울 전설의 쌀떡볶이** 살아 있는 스토리다. 처음 떡볶이를 시작한 것이 1976년이었다.

• 한국인도 외국인도 사로잡은 맛

필자가 이곳을 처음 찾아간 것은 몇 년 전인데 언제인지 정확한 기억은 나지 않는다. 확실한 것은 필자가 고등학생일 때부터 항상 다녔던 명동의 한 헤어숍에 들른 후 먹은 기억이다. 당시 청량감이 느껴지는 마늘떡볶이 맛에 반해 자주 찾는 단골 떡볶이집 중 한 곳이 되었다.

이번에도 책 원고를 위해 며칠 동안 방문했다.

아침 7~8시에 나와 몇 시간 동안 음식 준비를 시작하는 성미정 막내따님은 매일 500여 개 이상의 만두를 굽고 어묵을 꼬챙이에 끼우면서 대파를 다듬고 떡볶이 양념장을 만든다.

영업 준비하는 과정이 '노동'으로 보일 만큼 꽤 힘들어 보여서 "매일 이렇게 하는 것이 힘들지 않으냐"고 따님에게 물으니 "괜찮습니다. 밑바닥부터 쌓아 놓은 어머니가 있었기 때문에 저는 편안하게 장사할 수 있어요. 항상 덕을 보고 있다는 감사한 마음을 가지고 있어서 그 마음으로 음식을 준비합니다."라는 답이 돌아왔다.

오전 11시가 조금 지나자 신영숙 주인아주머니가 나오시고 손님도 점차 늘어난다. 곧 가게는 손님들로 인산인해 분주해진다. 점심시간 피크타임이다. 떡볶이를 좋아하는 명동 직장인들의 성지다, 싶을 정도로 직장인들도 많이 찾는다.

떡볶이 먹고 나오는 손님들 표정이 좋아 보여 몇 분과 이야기를 나누어 보았는데 신기했다. 떡볶이는 누구나 좋아하는 음식이면서도 각자의 취향 탓에 호불호가 의외로 강한 음식인데 이곳 떡볶이에 대한 반

응은 거의 비슷하다. "처음 먹는 맛인데 그 맛이 좋다"고 말하는 분들도 많았다. 한마디로 '맛있는 떡볶이'라는 뜻이다.

이곳은 특이하게 외국인 손님도 많다. 중국인들은 만두와 어묵을 선호하고 일본인들은 떡볶이, 김밥, 만두를 좋아한다고 막내따님이 귀띔해준다. 일본에 떡볶이를 선물용으로 들고 갈 정도로 일본인에게 특히 인기가 많다. 외국 계정의 SNS에도 이곳이 자주 올라올 정도다. 우연히 외국인 모습도 사진에 담았다.

• 맛 좋은 쌀떡과 '단짠매' 양념의 조합

이곳에 관해 이야기하기에 앞서 한 가지 짚을 점이 있다. 바로 떡의 특성이다. 떡볶이는 물(육수), 양념, 떡 각기 다른 물성으로 조리되는 음식이다. 조리 과정 중 브라운운동과 삼투압 현상이 이루어지는 밀떡은 양념이 비교적 잘 배지만, 쌀떡은 열에 의해 규칙적인 녹말 분자구조가 풀리면서 풀처럼 점성이 생기는 물성 때문에 물 분자의 브라운운동과 삼투압 현상이 잘 이루어지지 않아 떡에 양념이 쉽게 배지 않는다.

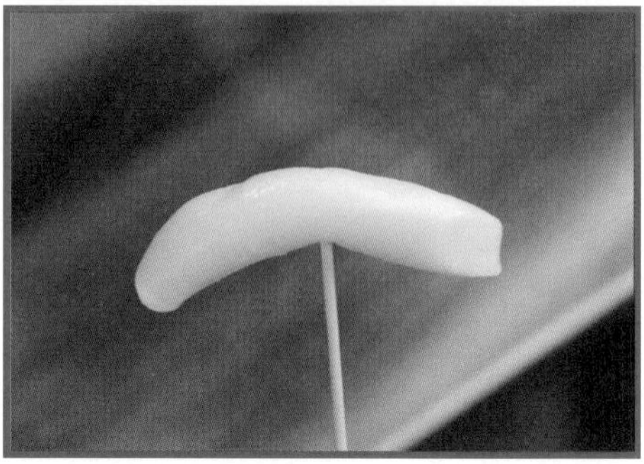

그래서인지 서울에서 쌀떡 품질이 좋으면서 양념 맛까지 잘 어우러지는 떡볶이집을 찾기 힘든데 이렇게 국내외 분들에게 인기 많은 이곳 쌀떡볶이 맛 비밀은 무엇일까? 호기심이 생겼다.

이 집은 쌀떡은 떡이 맛있기로 소문난, 낙원동 인근 방앗간에서 매일 아침 떡을 빼 온다. 쌀떡만 맨입에 먹어 보니 생각했던 것 이상으로 쫀쫀하고 찰지다. 간이 배어 있어 그냥 먹어도 맛있는 떡이다.

떡메로 오래 쳐서 떡 속에 있는 공기가 빠지면 차진 떡이 되는데 그런 떡이 생각날 정도였다. 일반 쌀떡 식감이 아니다. 앞니로 씹었을 때 잘 끊어지지 않을 정도로 떡이 옹골지다.

필자가 서울 지역에서 맛으로 인정하는 쌀떡볶이집이 또 있는데 종로 맛나분식과 중곡동 콩이네이다. 그중 맛나분식은 공교롭게도 이곳과 같은 방앗간 쌀떡을 사용한다.

주인아주머니는 이런 떡볶이 떡 맛을 원해 낙원동을 비롯한 여러 떡집 떡을 다 먹어 보고 제일 마음에 드는 떡을 선택했다고 했다. 어르신들이 "떡이 참 좋다"는 말씀을 자주 하실 정도로 좋은 재료에 대한 고집이 보이는 곳이다.

떡볶이 만드는 과정도 지켜보았다. 떡볶이 판에 쌀떡을 올리고 그 위를 많은 양의 대파로 덮는다. 판 위에 있던 떡은 **대파 향**을 한껏 품게 된

다. 여기에 직접 만든 양념장까지 넣고 잘 익히면, 비로소 떡볶이가 완성된다.

양념장은 막내 따님이 도맡아 만든다. 고운 고춧가루와 꽤 많은 양의 마늘 등 이곳만의 비법 재료를 넣고 잘 풀어지도록 한동안 치대는 것이 노하우 중의 하나인데 이 양념장으로 만든 떡볶이는 떡볶이 판을 휘저을 때마다 **마늘 향**이 공중에 퍼진다.

마늘은 정말 사용하기 까다로운 재료다. 통마늘보다는 다진 마늘을 사용할 때 열에 의한 알리신 손실을 줄이고 특유의 마늘 풍미를 유지할 수 있다. 하지만 다진 마늘은 변질되기 쉬운데 이는 발효나 숙성을 통해 보완할 수 있고 매운맛도 줄일 수 있다. 신림동 미림분식이나 노원 영스넥처럼.

상식적으로는 마늘을 갈자마자 바로 사용해야 마늘 향이 고스란히 살아 있을 것 같지만 아니다. 마늘의 알리라제(알리네이즈)라는 효소가 활성화되어야 알리신이 생성되는데 알리신은 마늘 껍질을 까고 일정 시간이 지나야 생성되는 물질이다. 껍질을 깐 직후에 바로 열원에 조리하면 알리신이 덜 생성되어 이곳 떡볶이 같은 특유의 마늘 향도 없다.

마늘에 열을 가하면 알리신 대신 항산화 물질과 아조엔이 풍부해지는데 이런 복잡한 과학 원리까지 우리는 생각하지 말자. 단순히 떡볶이를 좋아하는 것뿐이니깐.

이제 떡볶이를 먹어볼 시간.

떡볶이의 새빨간 양념이 식욕 본능을 이끌어낸다. 어묵 없이 떡 맛에 집중한 떡볶이다. 입 안에 넣자 그리 뜨겁지 않고 적당히 따뜻했다. 뒤이어 마늘과 대파의 향이 퍼진다. 하지만 과하지 않았다. 그 풍미가 조미료 역할을 해주면서 맛의 감흥을 증폭시켜주었다. 물론 떡 맛은 말할 것도 없이 좋다. 떡볶이는 바로 이 떡 맛이라며 절로 감탄사가 날 수밖에 없었다.

단맛과 짠맛이 합쳐진, 단짠이라는 최강 조합이 공격하는 떡볶이였

다. 적당한 매운맛으로 침샘도 자극했다. 빨간 빛깔에 비하면 강한 매운맛은 아니었는데 안 매운 고춧가루를 적절히 사용했기 때문이다. 하지만 조리 시간이 길어지면, 고춧가루 양념이 진액처럼 뭉쳐 매운맛이 좀 더 강해지기도 했다.

재밌는 사실은 온도에 따라 맛이 달리 느껴진다는 점이다. 열에 반응하는 고춧가루, 마늘 재료의 특성 때문이다. 뜨거울수록 자극적이다 싶을 만큼 양념 맛이 도드라지고 식을수록 쌀떡 존재감이 높아진다. 식어도 맛있는 떡볶이가 드문데 이곳은 식어도 맛있는 쌀떡볶이였다.

떡볶이를 먹으면서 입 안에서 신기한 현상도 경험했다. 혀 위에 느껴지는 강한 맛이 오래 남지 않고 입천장 쪽으로 옮겨가 사라지는 것이 아닌가? 이는 마늘과 대파의 휘발성 유기 성분 때문이다. 그만큼 재료 상태가 좋다는 증거이다. 또한 소금의 영향이기도 한데 짠맛이 맛을 올려줄 뿐 아니라 오히려 재료 맛을 한껏 살려 딱 맞아떨어지는 맛을 만든다. 소금을 잘 사용한 떡볶이였다. 강한 맛이 입 안에 오래 남지 않아 떡볶이가 깔끔하다.

쌀떡 맛이 좋은 부산 떡볶이 스타일이면서도 좀 더 업그레이드된 떡볶이 같다. (실제로 주인아주머니가 부산 출신이다)

그런데 묘한 감칠맛과 처음 느껴지는 풍미도 있다. 이 떡볶이는 뭐지? 궁금해하는 눈치를 보이자 주인아주머니는 “남 보기에는 쉬워 보이지만, 떡볶이는 꽤 어렵습니다. 불 조절에 따라 같은 재료라도 맛이 달라지기 때문이에요.”라고 말해주셨다.

즉 **불 맛**이다. 떡볶이를 만들 때 수분이 줄어들어 고춧가루 양념이 열에 의해 지져지듯 볶일 때가 있다. 이때 열에 약한 마늘, 대파 등에서부터 맛의 변주가 일어나는 것이다. 참고로 마늘 같은 재료는 열 변성이 일어나면 구수한 감칠맛이 생성되어 고춧가루 양념장에 또 다른 묘한 풍

수분이 거의 없이 떡볶이가 볶아지고 있다. 일부 손님이 낙지볶음 양념 맛이라고 칭하는 이유도 여기에 있을 것이다.

미가 생긴다.

갓 만들어진 오전에는 '김치 양념 맛'이 느껴진다, 오후에는 '무교동 낙지볶음 양념 맛'이 느껴진다. 이렇게 맛을 표현하는 손님들이 있는 이유도 '조리 정도에 따른 차이'와 '열에 의한 맛의 변성'이 한몫하기 때문일 것이다.

또 하나 눈길을 끌었던 건 떡볶이 판이다. 이곳 떡볶이 판 높이는 보통의 다른 떡볶이집 떡볶이 판보다 낮다. 끓이는 개념의 떡볶이가 아니라 볶아내는 방식으로 떡볶이를 만들기 위해 수분 날림이 편한, 높이가 낮은 떡볶이 판을 사용하고 있다. 묽은 양념장 이외에 조리 과정에는 일반적인 떡볶이보다 수분이 적게 들어간다.

떡볶이에서 느껴지는 감칠맛과 불 맛을 내는 또 다른 이곳만의 비법 재료가 분명 있을 것 같다는 생각이 들었다. 그래서 여쭈어보니 막내 따님이 정중하게 답해 주셨다.

"간혹 손님들이 재료를 물어보거나 체인점을 내라는 이야기를 합니다. 제가 욕심쟁이인가 봐요. 이 떡볶이 레시피는 저만 알고 싶거든요. 체인점이 생기면, 맛이 비슷해지고 고유의 맛이 없어진다는 생각에 원치 않아요."

고춧가루 양념장의 숙성 정도에 따라 다른 이름으로 콕, 집어서 말할 수도 있겠지만, 고유의 레시피는 소중히 간직하고 싶은 2대 주인인 막내 따님 생각을 존중해 재료에 대해서는 더 묻지 않았고 알고 있던 재료도 이 책에 언급하지 않았다.

잠시 언급했지만 오전과 오후 떡볶이 주된 맛(맛의 중심)이 다르다는 점도 흥미롭다. 오전 떡볶이는 떡 맛이 양념에 배어 느껴질 정도로 떡 맛이 좀 더 잘 표현되고, 오후 떡볶이는 불판 맛이 더해져 양념 맛이 좀 더 풍성하게 느껴지는 오묘함이 있으니 비교해보는 재미도 있겠다.

어묵 육수와 함께 떡볶이를 먹다 보니 액젓과 비슷한 풍미를 느낄 수 있었는데, 주인아주머니는 그렇게 느껴질 수도 있지만, 아니라고 손사래를 치시기도 했다.

이곳 음식처럼 온도에 따라 양념 맛이 도드라져 느껴지거나 떡 질감이 더 잘 느껴질 수 있다거나 하는, 조리 정도에 따라 맛의 변수가 있을 수 있고 맛있는 타이밍이라는 것도 존재하기에 한 번의 방문만으로 어떤 음식점을 단정 짓는 행위는 위험하다. 그래서 필자는 항상 몇 번씩 방문하고 이야기하는 것을 좋아한다. 항상 아침부터 공복으로 먹어야 한다는 필자만의 원칙을 가지고서.

• 조금 비틀면 평범함이 특별함으로 바뀐다

단짠한 떡볶이 공격을 방어할 어묵 국물도 먹어본다. 생선 육수라 생각될 만큼, 건어물의 감칠맛이 진하다. 고추의 칼칼함도 느껴진다. 가볍지 않았다. 하루 이틀 만에 완성할 수 없는 국물이다. 풍미가 굉장히 깊었기 때문이다. 기분 좋게 다가오는 산미가 육수의 깊은 맛을 더해준다.

"저는 부산항 바다와 가까운 초량 출신이에요. 외가 쪽에 대대로 내려오는 종갓집 비법 같은 것이 있습니다. 집에서 어르신에게 배운 방법으로 국물을 내고 있어요. 그리고 이곳에 온 12년 동안, 쉬는 날이 있을

어묵 국물 색이 아주 진하다. 그리고 어묵을 여러 번 꼬아 끼운 덕분에 어묵 맛도 국물 맛도 잘 살았다. 어묵에 떡볶이 국물을 묻혀 먹으면 올록볼록한 단면에 양념이 묻어 더욱 맛있다.

때는 국물을 다 버렸고 매일 영업하는 동안에는 육수를 계속 이어 쓰고 있습니다. 매일 멸치, 건새우, 건 홍고추 등의 천연 재료를 더하고 더하니 국물이 이렇게 진하게 나올 수 있어요."

주인아주머니가 말씀하신 어묵 국물의 비밀이다. 역시 하루 이틀 만에 완성되는 국물 맛이 아니었다. 오랜 세월이 더해져야 이런 국물 맛이 탄생할 수 있다. 46년 세월의 내공이 저절로 이루어진다는 것이 아니라는 것을 실감했을 때, 또 다른 놀라운 점을 발견했다.

바로 어묵이다. 평범해 보이는 어묵에도 정성이 숨어 있다. 어묵을 끼우는 방식에 있었는데, 어묵을 한 면만 꼬챙이에 끼우는 것이 아니라 수작업으로 네 번 이상 여러 겹으로 꼬아서 끼운다. 자연히 어묵이 육수에 닿는 면적이 작아지므로 어묵이 잘 퍼지지 않고 쫄깃하다.

이런 방법으로 어묵을 꼬챙이에 끼워 놓으면, 국물에도 어묵 맛이 잘 스미지 않아 재료 본연의 육수 맛이 잘 느껴진다. 대단하다. 돈을 지불하면 몇 분 안에 먹을 수 있는 음식이지만, 경험으로 얻은 지혜가 꼬치어묵에까지 있을 줄은 몰랐다.

본래는 떡볶이와 어묵 국물로 유명한 집이지만, 사실 한 가지 더 추천하고 싶은 메뉴가 있다. 바로 만두다.

매일 아침 주인아주머니의 막내따님이 수작업으로 만두를 무쇠 판에

한쪽 면만 구워 초벌 작업해 놓는다. 그리고 손님이 주문하면, 바로 튀겨서 내어준다. 한쪽 면만 구운 후 튀긴다니 독특한 방식인데, 그 이유를 들을 수 있었다.

"프라이팬에 구우면 만두피의 밀가루 맛이 나고 기름에 튀기면 중국집 만두 맛이 나요. 그런데 한쪽 면만 구운 다음 기름에 튀기면 또 다른 만두 맛이 나요. 그 맛이 좋아서 그렇게 사용하고 있어요."

같은 만두라도 어떤 조리 과정이 있느냐에 따라 맛이 달라진다는 실제 경험을 토대로 만들어낸 메뉴였다.

만두 맛은 어떨까? 강하게 씹지 않아도 파삭 부서질 정도로 가벼운 바삭함을 가졌다. 고소함은 물론 '이건 육즙인가?' 싶을 만큼 속이 부드럽고 수분기가 있어 촉촉하다. 고기와 채소의 맛이 그대로 느껴진다. 실제로 웬만한 중국집 만두보다 맛이 좋았다.

간장과도 잘 어울리지만, 떡볶이 소스를 더하면 또 다른 만두 세계가 열린다. 어묵, 튀김, 만두 모두 떡볶이 소스와 잘 어울린다. 포용력 좋은 **떡볶이 소스가 요물** 같다. 자꾸 주문하게 만들기 때문이다. 튀김만두를 떡볶이 양념장과 함께 먹으면, 풍성했던 튀김만두의 맛은 사라지지만, 기름진 고소한 맛을 딱 잡아주니 뒷맛이 좀 더 깔끔해진다.

만두를 떡볶이 소스와 함께 먹게 되면, 마늘의 알싸한 맛, 고춧가루의 매운맛, 만두의 기름진 맛이 입 안에서 동시에 사라지는 마법 같은 현상이 재밌다. 이러한 현상이 맛의 상쇄 효과다. 먹으면서 항상 공부하고 배운다.

• 경험이 만들어낸 지혜, 떡볶이에 녹아들다

이곳 떡볶이는 떡볶이계의 초밥 같은 존재다. 일본인이 좋아해서가 아니다. 알싸한 마늘 향이 초밥의 고추냉이 역할처럼 맛의 포인트가 되어 대파 향이 밴 쌀떡과 양념을 잘 어우러지게 해주기 때문이다. 또한 초밥용 밥(샤리)에는 식초뿐만 아니라 소금이 들어가야 맛있어지는 것처럼 소금 역할도 좋아 떡 맛도 좋다.

마늘 맛이 거북할 만큼 입 안에 오래 머물지 않는 점도 좋다. 마늘 향에 이어 대파 향, 양념 맛 그리고 떡 맛이 씹을수록 느껴진다. 마법 같은 맛의 변주다.

손님 대부분은 마늘 맛이 많이 난다고 좋아하면서도 처음 먹어 보는 맛이라고 신기함도 표현한다. 떡볶이 경험이 많은 필자도 이런 떡볶이는 처음 경험했을 만큼, 떡볶이 세계는 다양하고 맛의 스펙트럼도 넓다. 먹어도 먹어도 새로운 떡볶이는 계속 생긴다.

주인아주머니는 남대문에 있을 때보다 떡볶이를 덜 맵게 만들면서 최상의 좋은 재료가 좋은 맛을 이끈다는 소신으로 음식을 만들고 있다. 맛에 대한 자부심보다는 변함없이 찾아주는 손님이 있어 고마운 마음이라고 하셨다.

막내따님은 어머님이 고생해서 이루어놓은 것을 너무 편하게 이어받은 것 같아 미안하고 어머니 덕을 보면서 떡볶이를 만든다고 감사한 마음을 또 전하셨다.

신세계떡볶이 주인아주머니와 막내따님

사실 주인아주머니는 덤덤한 듯 이야기를 이어가셨지만 어려웠던 과거를 생각하면서 눈물을 흘리기도 하셨다.

“세 딸을 집에 두고 새벽에 일을 나가 밤에 들어오니 항상 자식에 대한 미안한 마음을 평생 안고 살았습니다. 큰딸이 아파서 두 살 터울인 둘째 딸이 초등학생 1학년 때부터 집안일을 도맡아 했어요. 제가 아니라 둘째 딸이 어릴 때 고생을 많이 했습니다. 항상 자식 걱정이 앞서지만, 먹고 살아야 하기에 같이 있어 주지 못한 부모 마음은 어떻겠습니까? 요즘도 그 생각을 하면 눈물이 납니다. 그것이 한이 되어 잘해주고픈 마음이 좋은 것을 먹이고픈 마음으로 음식을 항상 만들게 되었습니다. 그 마음이 떡볶이에도 담겨 있는 것 같아요. 삶은 고달팠지만, 잘 커 준 자식 덕분에 지금까지 올 수 있었고 이제는 막내딸을 의지하면서 떡볶이를 만들고 있습니다."

어머님은 따님을 의지하면서 떡볶이를 만들고 따님은 어머님을 의지하면서 오늘도 맛있는 떡볶이를 만든다.

지혜는 열심히 한다고 생기지 않지만, 오랜 세월 연륜으로 생기는 경험은 지혜로운 뇌로 최적화될 수 있다. 떡볶이 46년 연륜에 이런 마음과 정성이 들어가 있으니 맛이 없을 수 없다. 자꾸만 생각난다고 떡볶이에 마약 넣었냐고 물어보는 손님도 있을 정도다.

영업시간 오전 9시 30분~오후 11시 (30분)

휴무일 없음

주소 서울 중구 명동9길 8-1

연락처 無

이 집 어때요?

• 한 번도 안 먹어본 맛이에요. 마늘 맛이 많이 나는데 거북하지 않아요.

– 윤수빈 씨(20대 초반)

• 밥 먹을 때 직장인들이 밥 한 상 먹는 것보다 이런 거 먹고 싶을 때 있잖아요. 그럴 때 꼭 와요. 다른 데보다 떡볶이가 소스가 맛있거든요. 마늘과 파가 들어가서 맛이 매콤하고 풍부해요. 어묵 국물은 시원하고 순대도 깔끔하고요. 집에서 먹는 느낌이고 주인 모녀 두 분이 친절해서 좋아요.

– 차희선 씨(49세)

• 마늘 맛이 많이 나서 좋고 별로 맵지 않아 좋기도 해요. 먹어본 적 없는 맛이지만 입에 맞고, 만두도 진짜로 맛있어요!

– 이서영, 최아라, 임혜선, 최송이 씨

• 사다 쓰는 양념이 아니라 집에서 만드는 양념처럼 마늘을 많이 넣어서 좋고 떡도 말랑해서 좋아요.

– 이은경 씨

05

철길떡볶이

레트로 감성 물씬,
기차 소리 들으며 먹는 떡볶이 맛

'철길떡볶이'는 전라북도 김제 정읍 출신의 (고) 설부자 주인할머니에 이어 2대째 허덕회 61세 주인아저씨와 박미희 주인아주머니가 운영하는 49년 전통 분식집이다.

충정로 철길 맞은 편 (지금은 없어진) 연세학원 노라노 예식장 앞 포장마차에서 20년 동안 떡볶이를 만들다가 29년 전, 지금 이 자리로 옮기게 된 것인데 과거 이화여고 학생 등 학생들의 방앗간 같은 공간이었다면, 세월이 지난 현재는 어른 손님들이 대부분일 정도로 많아졌다.

필자가 이곳을 처음 알게 된 것은 2009년 당시 충정로 떡볶이 양대 산맥이라고 알려졌던 '블랙박스'와 '철길떡볶이'를 함께 다녀오면서부터인데 그때 좋았던 기억에 더해 8~9년 만인 2016년 12월에 다시 먹었던 떡볶이에 감동까지 받게 되어 그 후 자주 찾게 되었다.

떡볶이 산업화로 향이 사라진 요즘 떡볶이와 달리 향이 살아 있는 떡볶이가 특별하게 다가왔기 때문이다.

• 이곳이 바로 진짜 '레트로 분식집'의 성지

평일에도 손님이 많은 곳이다. 심지어 일요일 낮에 방문하면 떡볶이집 앞에 자가용을 줄지어 주차한 진풍경까지 연출된다.

오두막집처럼 생긴 떡볶이집 창문 위에는 조롱박이 매달려있고 그 창문은 액자가 되어 시시각각 변한다. 한 폭의 그림처럼 여자 주인공이 되고 남자 주인공이 될 수 있다.

꽃과 나무로 만들어진 아치형 입구는 감성까지 더해진 공간이다. 기찻길 옆 테라스에서는 떡볶이 먹는 이들의 웃음소리에 기차도 소리를 낸다. 뿌웅~! 경적을 울리면서.

요즘 '레트로풍' 음식점이 많은데, 이곳은 '찐 레트로'다. 게다가 기찻길 바로 옆에서 떡볶이를 먹을 수 있다니. 노포를 찾는 젊은 세대에게도 취향 저격인 곳.

자신을 봐달라고 아우성치는 기차가 지나갈 때면 주변은 조용해진다. 기차가 지나가면 우리들은 다시 웃기 시작한다. 새들의 지저귐처럼, 기차 소리보다 밝게 웃고 지저귄다.

추억(철길)을 덤으로 주는 떡볶이집의 이런 분위기가 있어 49년 된 떡볶이집이지만 10대, 20대 친구들도 좋아한다. 대구에서 온 20대 초반 커플이 당일치기로 서울에 놀러 와서 이곳을 처음 찾았던 것을 우연히 봤을 정도로 SNS에서도 핫한 곳이다.

책 출간 준비를 위해 2019년 10월 몇 차례 다시 방문했다. 오전 11시 영업시작 전에 가보니 향긋한 어묵 육수가 먼저 마중 나와 코끝을 간지럽힌다.

오픈 시간에 방문하다 보니 떡볶이 만드는 모습을 볼 수 있었는데 특이한 과정이 있었다. 보통 떡볶이 만들 때 떡과 양념장 그리고 물이나 육수를 이용하는 것이 일반적인데 이곳은 떡볶이 만드는 과정에 두 가지 육수를 사용하는 것이었다.

바로 **'어묵 육수'**와 어묵 국물에 고추장을 푼 **'고추장 육수'**인데 그 고추장 물에 노하우가 있겠다 싶어 여쭤보니 주인아주머니는 "맛있어지라고요." 하고 알 수 없는 미소를 지을 뿐이었다.

우연히도 고춧가루를 이용해 만들고 일주일간 숙성해 사용한다는 고추장 양념장을 세 번 먹어볼 기회도 있었다. 숙성 정도에 따라 양념장의 콩 맛이 미묘하게 달리 느껴진다. 이 양념장은 주인아주머니가 고추장이라고 말씀해 주셨는데, 고춧가루 향과 맛이 잘 살아있는 양념장이라서 **간이 고추장**이라 말할 수 있고 숙성시킨 고춧가루 다진 양념장에 가깝게 느껴지기도 했다.

"음식 베이스를 알면 따라 할 수가 있어요. 떡볶이 만드는 사람이라

맛의 비밀을 품은 고추장 육수와 되직한 고추장 양념장

면, 이 맛을 흉내 내려고 하기 때문에 공개할 수가 없어요."라고 말해주었던 주인아저씨. 사실 재료 공개하지 않는 조건으로 책에 소개하는 것을 허락하였기에 그 부분에 관한 내용은 수위를 조절했다.

보통의 떡볶이집들은 줄 설 정도로 손님이 많게 되면, 떡볶이를 빨리 만들어내기 위해 덜 조리된 것을 내놓기도 하는데 이곳은 달랐다. 주인 아주머니가 떡볶이 만드는 과정에서는 고집쟁이였기 때문이다. 손님이 아무리 많아도 최소 15분 이상 떡볶이를 조리한다. 소신을 굽히지 않는 떡볶이 장인이었다.

"손님이 이렇게 찾아와 주니 그동안 고생한 보람도 있고 하나뿐인 떡볶이라 자부심을 가지고 만들어요."

떡볶이 떡 속에 충분히 양념 간과 맛이 배게 한 후 손님에게 내놓고 있기에 어느 정도의 기다림이 필요한 것이다.

• 기다림은 떡볶이가 맛있어지는 시간

주문한 떡볶이 기다리는 시간이 길게 느껴진다. 다른 손님들과 떡볶이 쟁탈전을 벌이듯, 내 순서가 되었는지 귀를 쫑긋거려야 하기 때문이다.

그 시간 동안 어묵과 어묵 국물로 기다림을 달래본다. 어묵 국물은 미원, 쇠고기다시다 등의 조미료(향미증진제)를 사용하지 않는다. 많은 양의 멸치와 무, 다시마, 소금, 간장 등으로 맛을 낸 국물이다. 핵산이 풍부한 멸치가 입 안에서 헤엄치듯 그 향과 맛이 진하다.

기다림 끝에 받은 떡볶이는 먹음직스러운 빨간색을 띤다. 40여 년 넘게 한 곳 한 지역에서 재배한 국산 고춧가루만을 고집해서 만든 양념장이라 오랜 세월 맛이 한결같을 수 있었고 떡볶이 빛깔도 아름답게 보

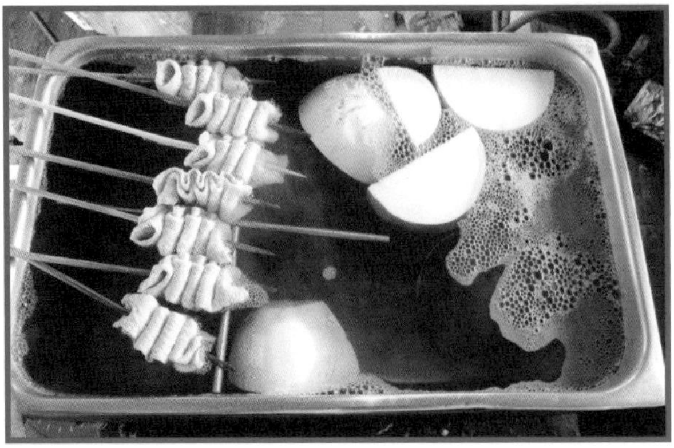

였는데 흔히 떡과 함께 들어 있는 어묵도 없다. 떡 맛을 강조하고 집중시킨 떡볶이다.

가느다란 굵기의 떡은 전분 곡물이 들어간 밀떡이다. 아주 부드럽다. 양념이 밴 떡 맛도 좋다. 떡 맛이 특히 좋은 이유는 조리할 때 맹물이 아닌, 멸치 육수만을 사용해 그 맛이 떡 속에 배어 있기 때문이다.

떡볶이는 뜨겁게 제공되기 때문에 갓 나왔을 때는 포크로 찍으면 떡이 휘어질 만큼 입 안에서 떡이 녹아내리고, 한 김 식었을 때는 말랑말랑 쫄깃해진다. 온도감이 있는 떡볶이는 매운 듯 안 맵고 안 매운 듯 매워서 어묵 국물을 부르고, 어묵 국물로 식힌 입은 또 떡볶이를 부른다.

조리될 때 구수한 향을 풍기던 떡볶이에는 고춧가루 향이 잘 살아 있다. 품질 좋은 고춧가루가 주재료이고 그 고춧가루로 만든 양념장이 떡볶이 비법이라 할 수 있다. 산미가 느껴지는 어떠한 재료가 포인트가 되어 맛을 더 좋게 해주는데, 구수함과 공존하면서 서로 당겨주고 끌어주고 있었다. 매콤달콤함은 기본이다.

이런 조화로움 때문일까? 이 떡볶이는 익히 아는 맛 같으면서도 다른 집 떡볶이와 다른 맛과 향이 있다. 그 미묘한 차이와 특별함이 철길떡볶이의 매력이고 장점이다. 7~8명 손님과 인터뷰를 할 때 공통적인 반응이기도 했다.

사실 얼마 전까지 이 떡볶이의 유일한 단점 한 가지는 조미료 맛이 느껴진다는 점이었다. 그럼에도 몇 년 전, 방송국 피디님의 최강달인 떡볶이에 어울리는 곳을 추천해달라는 메시지에 이곳도 추천했을 만큼, 맛에 대한 장점이 많은 곳이다.

그런데 이제는 그 단점마저 사라졌다. 이런 반응에 주인아저씨는 "우리 떡볶이는 어머니가 전라도 분이시라 전라도식 양념장이고 세 가지 스타일로 만들 수 있어요. 바로 농도 차이인데 소스를 묽게 만들면, 어머님이 만들 때처럼 콩 맛이 도드라지고 집사람처럼 졸이면, 진하게 느껴질 수 있습니다. 지금은 재료 비율을 조정하면서 그 중간지점을 찾아 만들기 때문에 어머니 때처럼 콩 맛의 구수함을 더 느낄 수 있을 것이에요."라고 답해주었다.

이곳은 처음 보는 사람들과 어깨를 맞대는 만남도 어색하지가 않다.

떡볶이로 대동단결하기 때문이다.

우연히 17년 단골손님을 만나서 이곳에 대한 이야기를 들을 수 있었는데 그 이야기를 듣고 있던 주인아저씨는 "떡볶이를 쉽게 생각하는 분도 있지만, 진짜 어려워요. 떡볶이라는 음식은 창작성이고 변형이 많은 음식이에요. 그런데 우리는 음식의 주체성, 전통을 지키고 있다는 것이에요. 모든 일은 원칙이 있고 기본을 지켜야 하는데 그것이 지금도 어려워요. 떡볶이 양념장을 만들 때면 신경이 날카로워집니다."라고 덧붙였다.

• 새 생명이 더해진 튀김만두

떡볶이와 궁합이 좋은 메뉴도 있다. 야끼만두라 일컫는 튀김만두, 못난이, 김말이, 삶은 계란, 꼬마김밥 등을 함께 먹으면 좋다.

특히 이곳 튀김만두는 특별하다. 맛동○ 과자처럼, 고소함이 극대화된 바삭한 튀김만두이기 때문이다.

딱딱함과 바삭함 사이 경쾌한 식감과 고소함의 극치를 달리는 튀김만두를 우물거리고 있노라면 이보다 더 기막힌 조합이 어디 있을까 싶다. 맛의 비밀이 궁금해져서 이 튀김만두를 만드는 '독립문만두'에 찾아갔다.

독립문에는 오래된 튀김만두집들이 있었다. 만두가 없어서 못 팔 정도로 그 인기가 대단했다. 하지만 세월의 흐름에 두세 곳 있던 튀김만두집도 없어졌고, 36년째 튀김만두를 만드는 68세 장인이 운영하는 가게가 유일하게 남아 있다.

튀김만두는 수제로 만든다. 젊은 사람들은 엄두도 못 낼 정도로 밤새 만들어야 하는 힘든 과정이 있다.

만두를 손으로 빚어 한 번 쪄내고 선풍기로 말린 후 식용유에 튀기는 것이다. 일반 만두는 20여 분 튀겨 색을 입혀낸다면, 이 튀김만두는 50여 분 동안 약한 불과 센 불을 계속 왔다 갔다 하면서 튀겨낸다. 그 과정에서 만두 속 당면이 녹아 만두피에 스며들 정도로 오래도록 튀겨내어 수분감 없는, 바삭한 식감과 고소한 맛이 극대화된 튀김만두가 탄생한다.

단순히 과 조리하여 바삭함과 고소함이 극대화된 것으로만 알았는데 알고 보니 이 만두 하나에도 엄청난 정성이 필요했고 장인의 노하우도 숨어 있었다.

이 튀김만두는 우리가 아는 뻔한 맛에 새 생명을 넣어 한 단계 업그레이드된 맛으로 변신한다. 그래서인지 철길떡볶이처럼, 유독 이 튀김만두만을 좋아하는 마니아들도 많다.

떡볶이 양념이 묻은 튀김만두. 이것 하나만으로도 맛의 세계가 변한다. 튀김만두 하나로 떡볶이 맛의 변주가 일어나기 때문이다. 튀김만두를 먹는 순간, 떡볶이 맛 감흥도 달라지기에 한 가지 유의할 점이 있다.

떡볶이 맛이 매우 좋은 건 사실이지만, 양념 맛 자체는 강하지 않기 때문에 실질적으로 튀김 맛에 떡볶이 맛이 묻히기도 한다. 그러니 이 집에서 떡볶이와 튀김을 함께 먹는다면, **떡볶이 맛을 충분히 즐긴 후에 튀김만두, 못난이, 김말이를 먹는 것이 맛있게 먹을 수 있는 하나의 팁**이다.

떡볶이 하나로는 뭔가 허전하다 싶을 때, 허전함을 채우는 곁들이 사총사. 떡볶이 국물을 끼얹은 계란, 못난이, 김말이 그리고 튀김만두다.

• 감성과 추억이 오래 보존될 수 있기를

철길떡볶이의 주문 시스템은 온 순서대로 작은 크기의 종이에 본인이 먹을 메뉴를 적어 전달하는 방식이다. 매우 바쁜 가게임에도 선불 결제가 아니라 나갈 때 후불로 결제한다. 이것을 신기해하고 신선하다고 이야기 한 20대 커플도 있었다.

이런 시스템은 주인아저씨의 어머니 때부터 이어진 것 같다. 몇십 년

된 단골손님이 어른이 되어 찾아왔는데, "배고팠던 학창 시절 떡볶이 판에서 떡볶이를 몰래 찍어 먹었다"는 추억(?) 어린 이야기를 했다고. 사실 그때 주인아주머니는 다 알면서도 자는 척했다는데, 이 사실을 어머니를 통해 들어 알고 있었기에 주인아저씨는 손님의 뒤늦은 고백에 웃음도 나고 재미있었다고 하셨다.

이곳은 단골손님 위주인데 계산이 잘못되어 돈을 덜 내고 가면 다시 돌아와서 모자란 돈을 더 내고 가고, 거스름돈을 더 받아 가면 다시 돌아와서 더 받은 돈을 내고 간다고 한다. 처음 오는 손님 중에는 간혹 계산을 잊고 가는 손님이 있는데 깜박하고 계산을 안 하고 갔다고 계좌번호를 불러달라고 꼭 가게로 전화를 한단다.

"후불제임에도 돈을 안 내고 가는 사람이 거의 없는 것을 보니 우리 국민들이 올바르게 잘 살고 있다는 느낌을 받았고 국민성이 대단하다, 라고 생각하고 있어요."

이렇게 주인아저씨는 찾아오는 손님에 대한 고마움을 전해주신다.

아내가 9년 전 몸이 아프기 시작해서 가게 일을 돕게 되었다는 주인아저씨는 원래는 건축업에 몸을 담았었다. 할아버지에게 이어 아저씨, 건축학과 대학원에 다니는 아들까지 3대가 건축 일과 공부를 하는 노포 가족이다. 주인할머니, 주인아주머니에 이어 아들까지 3대가 이어갈 예정인 **'살아 있는 노포 떡볶이집'**이다. 이런 떡볶이집 부지에 서울시에서 녹지조성 사업을 예고하여 없어질 위험에 빠졌으니 개인적으로 안타까운 일이 아닐 수 없다. 길 건너 가까운데 사시는 1대 주인이신 87세 허대욱 할아버지와 함께 2대가 이어나가고 있는 이런 떡볶이 집은 영원히 보존해야 하는데 말이다.

마지막으로 주인아저씨는 떡볶이에 대한 신념을 이야기해 주셨다.

"우리는 단가로 승부하는 곳이 아니라 맛으로 승부하는 곳입니다. 사람이 거짓말을 하는 게 아니라 돈 때문에 이익 때문에 거짓말을 합니다. 돈 욕심에 음식을 많이 만들다 보면 변할 수밖에 없습니다. 그래서 돈이 제일 위험하다고 생각합니다. 우리는 돈보다 손님이 우선입니다. 손님을 편하게 만들어주어야 한다고 생각하기에 음식을 더 만들지 않습니다. 하루에 만들 수 있을 만큼만 만들어 손님이 맛있고 편하게 먹을 수 있게 도와주는 것이 저희의 몫이라고 생각합니다."

철길떡볶이 주인아주머니

이런 주인장의 소신에 세월이 흘러도 몇십 년 단골손님이 많고 철길에서 감성이 더해진 맛으로 떡볶이를 즐길 수 있다.

세상 너무 각박하게 살 필요가 없다. 여기는 서로간의 신뢰가 있는 추억이 가득 차 있는 공간이고. 추억의 웃음을 나누면 그것이 행복이다.

영업시간 오전 11시~오후 8시 (재료 소진 시까지)

휴무일 일요일

주소 서울 서대문구 충정로 35-6

연락처 02-364-3440

이 집 어때요?

• 보통 떡볶이집에 가게 되면, 떡볶이만 먹게 되는데 이곳은 기차 지나가는 풍경이 있어서 좋아요. 감성이 더해지는 떡볶이 같아요.

- 김홍렬 씨(20대 후반)

• 학창 시절에 먹던 밀가루 떡볶이를 먹고 싶었는데 요즘은 체인점이 많아져서 먹기 힘들어졌어요. 그래도 여기는 괜찮을 것 같아서 처음 찾아왔는데 맛이 좋아요.

- 박은아 씨(20대 후반)

• 직장에 다니다가 인근 세무 학원에 16년 전쯤 다니게 되었습니다. 옆 건물 여직원이 이 집에 줄 서 있는 것을 우연히 보고 '분명 맛있는 곳일 거야!'라는 생각이 들어 같이 줄 서서 먹게 되었습니다. 그런데 떡볶이가 너무 맛있는 거예요. 제가 원하던 바로 그 맛이었습니다. 집은 근처가 아니지만 다니는 교회가 합정동인데요. 이곳 떡볶이가 생각나면 집사람, 아이들과 함께 주말에 찾아와요.

- 강황배 씨(56세)

• 합정동 교회에 갔다가 아이들과 이곳에 함께 오는 것이 정해진 코스였습니다. 지금 대학 다니는 아이들도 이 떡볶이를 좋아했거든요.

- 김숙영 씨(50대)

06

미림분식

그 시절 우리가 좋아했던 학교 앞 떡볶이

1980년대 쌍문동 골목길을 배경으로 한 드라마 〈응답하라 1988〉을 봤다면 '브라질떡볶이'도 기억날 것이다. 80년대에 학창 시절을 보낸 분들의 향수를 자극하기에 충분했는데 (1980년대 후반 실제 있었지만 사라진 브라질떡볶이를 대신한) 드라마 촬영지가 서산 해미읍성 근처에 있는 '얄개분식'이었다는 점은 드라마에 관심 있는 분이라면 알고 있을 것이다. (소방도로 확보 공사 때문에 드라마에 나온 떡볶이집 건물은 없어지고 옆집으로 이전했다) 얄개분식은 떡볶이집에서 드라마 부장을 만났던 것이 인연이 되어 필자가 직접 발로 뛰고 찾아내어서 '응팔' 드라마 촬영 장소가 된 곳인데, 그 시대 향수를 느끼게 해주는 분식집은 지역마다 존재한다.

이런 추억의 공간, 추억의 분식집이 신림동에도 있다. 1980년대 신림동 미림고개에 십여 곳 넘게 있던 떡볶이집 중 유일하게 남아 그 자리를 지키고 있는 미림분식이다. 1984년도에 역사가 시작된 이곳은 1988년도에 우옥희 주인할머니가 인수해 지금까지 이어가고 있다.

• 엄마의 마음으로 만드는 떡볶이

필자가 이곳을 처음 찾은 것은 2015년 7월이다. 집에서 어머니가 해주는 것 같은 건강함이 보이는 즉석떡볶이와 김치볶음밥 맛에 반해 자주 찾게 되었고 모 방송국 프로그램에 주인공으로 필자가 출연할 때 이곳이 음식 관련 프로그램에 최초 공개되기도 했었다.

이곳 음식은 남녀노소 누구나 좋아한다. 미림여고 이사장님도 한 달에 몇 번씩이나 들르는 것은 물론, 어엿한 사회구성원으로 성장해 바쁘게 살아가는 졸업생들도 찾아와 먹고 간다. 추억을 소환하는 떡볶이집이 된 것이다.

아주 오래전 미림고개에 있던 분식집은 하나둘 떠나고, 가로수에 매달린 마지막 잎새처럼 모진 비바람을 견디고 남은 유일한 분식집. 30여 년 미림고개를 지키면서 그 세월의 흔적을 고스란히 안고 있는 겉모습이다.

이렇게 많은 사람들이 찾아오고 좋아하는 이유를 묻자 주인할머니는 옛이야기를 꺼내셨다.

"떡볶이의 떡 자도 모르고 이곳에 왔을 때 윗동네 언니가 냄비에다 떡을 넣고 고추장 한 숟가락, 설탕 한 숟가락, 미원 한 숟가락, 물 한 숟가락을 넣고 아이들에게 갖다주더라고요. 그땐 그래도 아이들이 다 먹었어요. 그런데 제가 먹어 보니 이렇게 해주면 안 되겠다 싶어서 이것도 넣고 저것도 해보면서 시작했고 지금의 맛이 완성될 수 있었습니다."

이곳 떡볶이는 즉석떡볶이다. 다시마를 이용한 육수를 사용하고 양념장은 고추장을 기본으로 해남 고춧가루, 고추씨, 대파 뿌리, 양파 등의 채소에 건새우, 디포리 멸치 등의 건어물을 갈아 넣고 격일로 숙성시켜 사용한다.

양념장 통을 보면, 마늘이 꽤 많이 들어간다는 것을 알 수 있는데 마늘과 생강 사용법도 남달랐다. 발효식초에 하루 이틀 담갔다가 사용하고 있었다. 이렇게 발효시킨 마늘과 생강은 매운맛과 쓴맛이 없다.

필자가 남다른 방식에 신기해하니 주인할머니는 들깨를 꿀에 재워 먹다 보니 마늘과 생강도 그런 식으로 먹으면 좋겠다는 생각에 마늘장아찌와 똑같은 개념으로 식초에 마늘과 생강을 하루 이틀 재워 발효시킨 후 사용하게 되었다고 말씀하셨다.

사실 진짜 놀랐던 것은 고기를 안 먹는, 채식하는 손님이 오면, 건어물 가루를 뺀 양념장으로 떡볶이를 만들어 준다는 점이었다. 이때는 고추장에 양파를 더 넣은 양념장에 몇 년 발효시킨 집 간장(조선간장)으로 간을 맞추고 감칠맛을 더했다. 전국에서 이렇게 **채식하는 손님을 위한 양념장을 따로 만드는 분식집**은 단언하건대 유일하지 않을까 싶다.

주인할머니는 "다른 집 떡볶이도 그렇겠지만, 그냥 고추장과 설탕으로 만든 떡볶이가 아니라는 것 그것만 알아주었으면 좋겠습니다. 요즘 사람들은 편하게 하려고 하지만, 이 떡볶이는 과정이 어렵고 힘듭니다.

내 애들 먹는다고 생각하고 만드는 건데, 다 내 아들 같고 내 딸 같고 자식 같으니까 좋은 음식 먹으면 좋잖아요. 정말 그것뿐이에요."라고 겸손하게 말씀하실 뿐이었다.

보통 제대로 만들어진 판 떡볶이는 떡이 중심이 되고 양념장과 육수가 보조가 되어 주인장 손길로 떡볶이 맛이 완성된다면, 즉석떡볶이는 조금 다르다. 양념장과 육수가 중심이 되어 떡, 면 사리, 채소 등의 맛을 조율하고 테이블에서 손님이 자유자재로 전골식 떡볶이 국물을 맑게 또는 걸쭉하고 진하게 졸여 먹을 수 있기 때문이다.

즉석떡볶이 1인분을 주문했는데 다른 곳 2인분 양만큼, 푸짐하다. 즉석떡볶이를 강한 불에 끓이자 다시마 국물 냄새가 후각을 자극한다. 매콤하고 달콤한 맛이 은은하게 다가오고, 구수한 감칠맛을 가진 국물은 밀떡뿐만 아니라 면 사리, 채소와도 잘 어우러진다.

즉석떡볶이가 가진 또 하나의 장점은 남은 국물에 볶아 먹는 밥이다. 맛있는 떡볶이 국물에 밥을 볶아 먹고 나면 포만감으로 행복한 배를 두드리며 나갈 수 있다. 특히나 미림분식 볶음밥에는 광주 시골집에서 재

배한 현미(밥)가 들어간다. 게다가 무려 해남배추와 고춧가루에 제주도산 멸치젓갈로 만든 김치가 들어가는 **김치볶음밥**이다. 까끌까끌한 식감이 있다는 편견을 깨부수듯 거북하지 않게 다가오며 구수한 맛을 내는 현미밥과 새콤하게 잘 익은 김치와의 조합이 가히 일품이다.

즉석떡볶이의 볶음밥이란 존재는 떡볶이의 마무리이자 포만감 담당이지만, 사실 '즉떡의 백미는 팬에 눌린 볶음밥'이라고 말하는 사람도 많다. 특히나 이 집의 볶음밥은 **떡볶이의 마무리가 아니라 별개의 요리** 같다는 생각이 든다. 그 정도로 음식 품질이 아주 좋고 훌륭한 맛을 자랑한다.

모 드라마에 소개되면서 재조명된 짜장 즉석떡볶이는 고추장과 고춧가루가 전혀 안 들어간 100% 춘장에 건어물이 함께 들어간 떡볶이다. 매운맛이 전혀 없기에 매운맛을 원한다면, 고춧가루를 추가해 먹는 것이 좋다.

• 쫄면이 이렇게 어려운 음식이라니

필자는 수많은 떡볶이집을 찾아다니지만 호기심에 한 번만 먹고 이야기하는 먹방일기 형식을 좋아하지 않는다. 몇 번씩 방문하면서 그곳에 대한 장점과 스토리를 찾아내려 노력한다. 사실 몇 년 전 미림분식에 갔을 때는 떡볶이에만 관심을 갖고 그 외 메뉴는 신경 쓰지 않았다. 그런

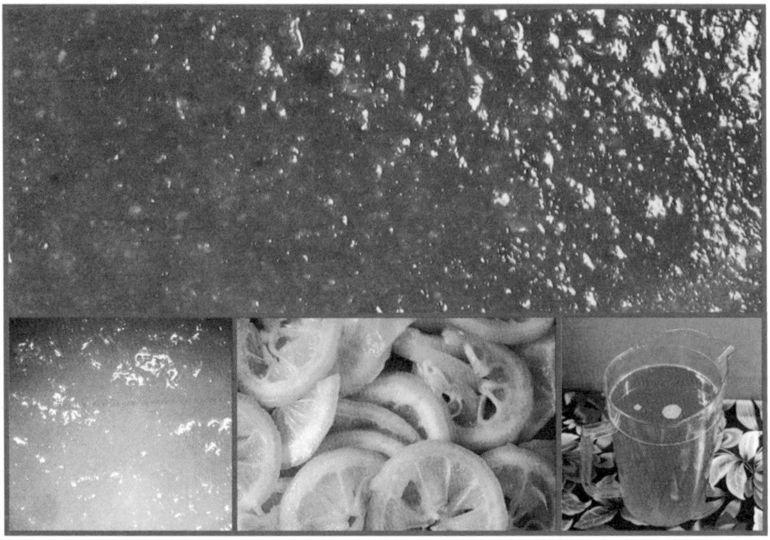

보기에는 다른 쫄면 양념장과 다를 것 없어 보이지만, 이 안에는 건강하게 만든 발효식초와 각종 과육이 그득히 들어 있다. 양념장의 반은 과일이라는 할머니 말씀이 이해된다.

필자에게 주인할머니는 지나가는 말로 이렇게 말씀하신 적이 있다.

"저는 떡볶이보다 쫄면과 냉면에 자신 있습니다."

그때는 먹어 보지 못한 메뉴이기에 무심결에 흘려들었는데 나중에 다시 찾아갔을 때 먹어 보니 그 말뜻이 이해되었다.

필자가 16년 동안 떡볶이 동호회와 블로그를 운영하는 동안 선입견을 주는 것이 조심스러워 떡볶이나 쫄면은 어느 집이 제일 맛있냐고 물어봐도 대답해주지 않았다. 그동안 수십 차례 넘게 받았던 질문인데 말이다.

그런데 이곳 쫄면은 그런 선입견을 주어도 괜찮을 만큼, 훌륭하다. 만드는 과정이 어려운 만큼 재료도 많이 들어가고 복잡하다. 발효 숙성의 과학적인 맛도 숨어있다.

사과, 키위 등 신맛 나는 여러 가지 과일과 생강, 마늘, 양파 등의 유기성 화합물이 결합한 양념장에 과일식초를 더해 약 15일간 1차 숙성시킨다. 이때의 양념장은 유기 화합물과 식초 등이 합쳐져 코가 뻥 뚫릴 듯한, 톡 쏘는 향을 내뿜는다. 이렇게 1차 숙성시키게 되면, 과일의 향이 식초 산미에 감춰지기에 파인애플, 오렌지(귤), 레몬 등의 과일을 다시 갈아서 양념장에 합치고 3일간 2차 숙성시킨 후 사용한다.

산미 있는 **과일의 향미를 극대화한 쫄면**인데 이 양념장에 사용되는 **과일식초** 사용법 또한 남다르다. 무더운 여름에는 신맛이 강조된, 전남 광양 땅에서 3년간 발효시킨 감식초와 강한 신맛을 누그러트릴 수 있는 파인애플 식초, 겨울에는 레몬식초가 기본이 되어 사과식초 등을 그때그때 상황에 맞게 사용하고 있다.

그저 놀랍다. 전주의 돌아온떡볶이처럼, 필자가 눈으로 직접 확인했음에도 믿어지지 않는 재료 노하우였기에 재차 물어보면서 확인했다. 16년 동안 전국의 분식집을 다니다 보니, 이렇게 놀라운 곳도 알게 되었고 그런 놀라운 곳을 이 책에 담아낸 것이다.

주인할머니는 "별거 없어요. 과일을 많이 사용하고 발효식초도 많이 사용하는 것뿐이 없어요. 뭐든지 양념이 많이 들어가야 맛있어요."라며 겸손한 반응을 보이셨지만 발효와 숙성이 이루어진 은은한 신맛이 참 매력 있게 다가오는 음식이다. 이 쫄면의 포인트는 한마디로 약 식초라 할 수 있는 과일식초와 두 번 넣어 숙성시킨 과일에 있다. 주인할머니 말씀에 따르면 **쫄면 양념장의 반은 과일**이라고 한다.

쫄면을 주문하면, 어묵국과 함께 제공된다. 양념장과 면을 잘 비벼서 한 젓가락 후룩 입에 넣으니 입 안에 감도는 향긋함이 있다. 향긋함 뒤에는 새콤함과 달콤함이 뒤따른다. 그 사이에는 매운맛도 있지만 다음 젓가락을 부르는 감칠맛도 있다. 참 신기한 쫄면이다.

사람은 각자의 입맛 기준으로 맛있다, 맛없다 표현할 때도 있는데, 이 쫄면은 그런 차원의 맛이 아니다. 먹을 때마다 경이롭다는 생각까지 든다. 뇌가 인지하는 맛이나 기존의 음식 가치를 뛰어넘는 곳이다. 먹는 사람은 쉽게 이곳 쫄면을 먹을 수 있지만, 이 쫄면이 만들어지기까지는 좋은 재료와 정성 그리고 시간이 만들어내는 마법 같은 과학도 숨어있었다. 시판 재료를 사서 쓰는 음식과 이곳처럼 **직접 재료를 만드는 음식**은 분명 다르다.

떡볶이는 맛없는 음식이라고 단정 짓고 이야기하는 음식평론가도 있을 정도로 일반적으로 분식에 대한 선입견이 있고 그렇게 취급하기도 한다.

그런데 과연 그럴까? 이 집의 음식은 분식이라고 말하기 죄송스러운 마음이 들 정도로 좋은 재료에 정성도 많이 들어가 있다. 먹으면 건강해질 것만 같은 음식이고 실제로도 건강한 재료가 들어간 음식이다.

• 과거에도 지금도 온정이 가득한 분식집

미림분식의 역사는 어떻게 시작되었을까? 52년생(호적 53년생) 70세 우옥희 주인할머니에게는 이곳에서 떡볶이를 만들게 된 사연이 있었다.

경북 영주 출신의 주인할머니와 전라도 광주 출신의 주인할아버지가 서울로 상경해 남가좌동에 살기 시작했을 때 할아버지의 고향인 광주 5·18민주화운동 당시에 찍었던 비디오를 보기 위해 신림동으로 넘어온 것이 정착하게 된 계기가 된 것이다. 그 당시에는 이 동네가 산동네였지만, 떡볶이를 만들면서 사는 것이 재미있었고 천주교 신자로서 봉사하며 사는 것에 보람을 느껴 지금까지도 모든 것에 감사하면서 살고 있다고 하신다.

당시에는 즉석떡볶이 1인분에 200원일 때였는데, 돈이 없던 시절 아이들 배불리 먹이면 된다는 마음으로 시작했지만 이제는 모든 이에게 사랑을 베푸는 음식이 되었다.

"30년 전 겨울에는 많이 추워도 아이들이 옷을 얇게 입고 다녔어요. 제가 자식을 키워서 그런지 몰라도 그렇게 안쓰럽더라고요. 따듯한 음식이라도 많이 먹이고 싶었습니다. 그렇게 살았습니다. 그렇게 살아야 됩니다. 그렇게 살아가는 것입니다."

이곳은 사랑방이다. 몇십 년 동안 미림고개에서 함께 장사를 했던 분들이 이곳에 모여 이야기하고 함께 식사도 한다. 아무런 대가 없이 사골국이나 추어탕을 만들어 놓고 사랑방 손님을 매일 기다리는 곳이다.

약 10여 년 전, 필자는 '세모분식'에서 쫄면을 먹으면서 그곳 주인아주머니에게 "희한하게 쫄면에서 사과 맛이 난다"고 지나가듯 말한 적이 있는데 몇 년 후 다시 가봤던 세모분식의 주인아주머니는 필자를 반기며 "예전에 쫄면에 사과 맛이 난다는 그 한마디가 큰 힘이 되었습니다.

손님에게 처음 들어본 말에 힘을 낼 수 있었고 빌지 메뉴에도 사과 쫄면이라고 쓸 수 있었어요."라고 필자를 좋게 생각해주셨다.

갑자기 세모분식 이야기를 꺼낸 것은 미림분식 주인할머니가 예전에 들려주신 이야기 때문이다. 할머니는 천주교 신자이신데, 하루는 꿈에 노량진 언덕에 서서 강물이 참 아름답다 하고 바라보는 중 성모마리아님이 나타났다고 했다. 그때 할머니 옆에는 필자가 같이 있었단다. 이런 꿈을 꾼 후 정확히 3일 뒤에 필자가 찾아가게 되었고 방송에 처음 출연하게 되어 항상 잊지 않고 감사하며 기도하고 있다고 하셨다. 꿈 덕분인지 필자를 좋게 봐주시면서, "보잘것없는 곳을 알려지게 해주어 감사하다"는 겸손한 말씀을 덧붙이셨다.

미림분식 주인할머니

"세상이 아직 메마르지 않다고 생각합니다. 오래전 경매로 집이 넘어갈 상황에 본인 신용 하나를 보고 선뜻, 6,500만 원을 빌려 준 선생님이 있었습니다. 그런 고마운 분의 은덕에 계속 떡볶이를 만들 수 있었고. 3년 만에 갚을 수 있었습니다. 그 당시를 뒤돌아보면 그때부터 행복했던 것 같습니다. 나를 믿어주는 사람도 있었고 나를 찾아주는 사람들이 많았으니깐요. 그래서 오늘까지 올 수 있었고 찾아주는 손님에게 보답을 해드릴 수 있었습니다."

이렇게 자신이 아닌 다른 이에게 항상 고마움을 표하시는 주인할머니. 단순히 우리는 떡볶이를 먹고 가는 것이지만, 사실 이 음식 속에는 주인할머니의 사랑이 듬뿍 담겨 있다.

음식점은 맛으로 말하는 게 당연하다는 걸 안다. 손님인 우리도 음식을 먹고 나서 이곳은 이런 세상 저곳은 저런 세상이라고 평가하니 말이다. 하지만 사실 겉으로는 보이지 않지만 귀를 기울여야 알게 되는 또 다른 세상도 있다.

미림고개에 있던 십여 곳의 분식집 중 유일하게 남은 이곳. 미림분식에는 허리를 굽히고 마음을 열어야 보이는 그런 세상이 있다.

매일 또 다른 세상을 열기 위해 주인할머니는 아침 미사를 마치고 분식집 문을 활짝 연다.

영업시간 오전 11시 30분~오후 9시 30분

휴무일 없음

주소 서울 관악구 호암로 553

연락처 02-888-8567

이 집 어때요?

• 30년 전이나 오늘이나 똑같습니다. 우리 아들이 마흔아홉인데 이곳에서 중학교 나왔고 딸도 미림여고 나왔거든요. 아직도 이곳을 이야기하고 명절에 집에 오면 꼭, 이곳 떡볶이를 먹고 가곤 합니다.

– 조광순 씨

• 이분을 존경합니다. 저와 종교는 달라도 영적으로 통하는 것이 있습니다. 이분이 오랫동안 해오실 수 있었던 것은 좋은 재료로 정직하게 해왔기 때문에 가능했을 것으로 생각합니다.

– 박정자 씨

• 와, 저 근처에서 초등학교 고등학교 다 졸업하고 80년대부터 99년까지 살았는데… 저기 많이 갔었는데… 저 가게가 아직도 있을 줄이야! 추억 돋네요.

– ID: 디똥(43세, 맛있는 탐구생활 동호회 회원)

• 여기 진짜 싸고 맛있고 가깝기만 하면 매일 가고 싶어요.

– ID: 장우럭(58세, 맛있는 탐구생활 동호회 회원)

• 친구가 미림여고 선생님이었는데 지금은 캐나다로 이민 갔어도 여기가 제일로 생각난다고 나오면 포장해서 꼭 먹더라고요.

– ID: 맛선생(47세, 맛있는 탐구생활 동호회 회원)

07

국미당

국미國味, 당찬 포부만큼 당찬 맛

다시 말하지만, 이 책은 16년 동안 전국의 떡볶이집을 돌아다니면서 얻은 결과물이다. 필자 개인의 친분을 100% 배제하고 오로지 음식점 주인장 소신과 음식 맛에 집중했다. 1년 6개월여 동안 준비하면서 예전과 달리 현실과 타협하여 달라진, 떡볶이 맛에 실망하여 목록에서 뺀 떡볶이집이 있었던 반면, 당초 기대보다 (필자의 느낌에) 더 좋아진 떡볶이 맛에 감동해 며칠 연속 방문한 분식집도 있었다. 그곳이 바로 양재동에 있는 '국미당'이다.

'나라를 대표하는 맛을 이루는 곳'이라는 뜻의 국미당과의 인연은 7년 전으로 거슬러 올라간다. 당시에는 '맛을 이루는 전당'이라는 뜻을 가진 '미성당'이라는 상호였다.

강남역에서 밀떡을 직접 만들고 그 떡으로 떡볶이를 만든다는 이야기에 강남까지 찾아갔었는데 아쉽게도 그곳은 폐업된 상태였다. 다행히 그때 강남에서 양재동으로 이전한 소식을 들을 수 있었다.

• 최상급 천연 조미료로 맛을 내는 떡볶이

7년 전 방문 당시 푸근한 인상의 아주머니 두 분의 성품이 너무 좋았고 친절했던 만큼, 좋은 재료로 정직한 맛을 내는 곳이었다. 그런 좋았던 기억에 이번에 다시 찾아가 봤다.

몇 년이 지나는 동안, 친언니는 군산으로 내려가시고 56세 김용연 주인아주머니만 가게를 운영하고 있었다. 큰따님, 아드님 등 가족이 함께 음식 준비를 했다. 당일 판매할 음식이 준비되는 오전 11시가 되면, 어김없이 손님들이 찾아오기 시작했다.

그런데 어느 시간대가 되면, 손님이 찾아온다는 것을 미리 알고 있었음에도 음식을 미리 만들어 놓지 않았다. 주문과 동시에 음식을 만들어야 가장 맛있다, 라는 신념을 주인아주머니가 가지고 있었기 때문이다.

마침 떡볶이를 주문하는 손님이 있어서 떡볶이 만드는 과정을 살펴볼 수 있었다. 미리 만들어 둔 육수에 떡을 끓이는데 떡이 부풀어 오르면서 떡 속에 육수 간이 배게 한 후 양념장을 넣고 끓이다가 졸이는 개념으로 볶아낸 후 손님에게 내어줬다.

참고로 이곳 분식집은 선불이다. 필자도 음식 계산을 먼저 한 후 떡볶이를 먹어 봤다. 먹기 전에는 구수한 향이 코끝을 간질이고 입에 넣으면 단맛을 품은 매콤함이 즐거움을 주는 떡볶이다. 떡볶이에서 **좋은 고춧가루의 향**을 느낄 수 있는 흔치 않은 곳이었다. 게다가 양파, 대파 등의 향신채 맛은 기본이고 좋은 간장을 사용했을 때 느낄 수 있는 깔끔하면서도 깊은 맛도 느낄 수 있었다.

몇 년 전 기억보다 떡볶이 맛의 감흥이 좋았던 이유는 단맛이 예전보다 적게 느껴졌고 건어물이 가진 구수한 향과 감칠맛이 잘 표현되었기 때문이었는데 그 맛의 정체는 **가쓰오부시**였다. 보통 품질 좋은 가쓰오부시는 풍부한 산미까지 느낄 수 있는데 이곳에서 사용하는 가쓰오부시가 그랬다. 떡볶이에서 산미까지 느낄 수 있으니 도드라졌던 단맛이 중화되면서 맛의 균형이 딱 맞아떨어졌다.

이런 이야기를 하자 주인아주머니는 "사실 저희 떡볶이 재료에는 **호텔에서 사용하는 좋은 재료**들이 들어갑니다. 가쓰오부시도 호텔에서 사용하는 최상급이고 간장도 영업용이 아닙니다. 집에서 사용하는 정말 좋은 간장을 사용합니다. 그래서 떡볶이 맛도 담백할 정도로 깔끔할 것이

좋은 재료가 좋은 맛을 만든다는 신념으로 연구를 거듭한 결과물이다. 가게 한쪽 벽에는 사용한 재료를 간략히 소개한 현수막과 고춧가루 원산지 증명서가 걸려 있어 재료에 대한 자부심을 느낄 수 있다.

에요."라고 대답해 주셨다.

좋은 재료에 대한 자부심이 남달랐던 주인아주머니는 최상급 재료만을 고집하고 있었다.

떡볶이를 만들기 전, 주인아주머니는 왕십리 주택가에서 '닭갈비가 좋은 날엔(닭엔)'이라는 상호로 3년간 닭갈비집을 운영했었다. 당시 닭갈비는 표고버섯 등을 갈아 넣은 천연 조미료만을 이용해 만들었다는데, 이때의 경험이 반영되어 조미료(향미증진제)를 많이 사용하지 않아도 좋은 맛을 낼 수 있다는 신념을 가진 분이었다.

떡볶이집을 차리기 전 고향인 군산에 주방을 마련, 1년간 주인아주머니의 가족들이 각자의 역할을 맡아 전국의 떡볶이 맛집을 돌아다니면서 연구했었다고 한다. 판매되는 전국의 고춧가루를 모두 구입해 떡볶이를 계속 만들면서 얻은 결론이 '떡볶이에는 **임실 농협 고춧가루**'였다고 하는데 단순히 수십 가지 고춧가루를 사서 비교한 것이 아닌, 태양초, 반태양초, 화건초(건조기 사용)까지 고추 건조 방법에 따른, 맛의 변화까지 연구하고 얻은 결론이라고 하니 놀랍지 않을 수 없었다.

이러한 일련의 과정을 통해 어렵게 떡볶이 레시피를 완성한 것이라는 주인아주머니는 혼자가 아닌 가족과 함께 만들고 완성한 것이라서 독단으로 책에 노하우를 밝히기는 어렵다며 먼저 양해를 구하셨다.

주인아주머니의 어머니 조태순 씨는 "음식은 양념 맛이다. 재료를 아끼지 말아야 한다."라고 평소 말씀하셨다고 한다. 주인아주머니 역시 그 영향을 받은 듯하다. 음식을 맛보면 좋은 재료를 아낌없이 사용함을 바로 느낄 수 있다. [무엇보다 필자는 간장과 고춧가루 맛뿐만 아니라 앞에서 말한 가쓰오부시 향에 반했다. 훈제 후 발효시킨 가쓰오부시(어포) 향과 맛이 떡볶이 맛을 증폭 시키니 말이다]

• 재료가 가진 힘이 온전히 느껴지는 음식

주인아주머니에게는 소신이 있었다. 좋은 재료를 많이 사용한다고 해도 숙성 과정이 생기면, 재료 맛이 달라진다는 것이다. 그래서 떡볶이 양념장을 오래 숙성시키지 않고 떡볶이에 사용한다. 당일 또는 이틀 정도 간이숙성만 하여 고춧가루 맛을 감추지 않고 잘 이끌어 내는 특징이 있었는데 사용하는 떡볶이 재료 중에 간장, 고추장, 가쓰오부시(육수) 등 발효된 재료들을 사용하기에 따로 숙성과정이 없이도 깊은 맛을 낼 수 있는 것이다.

갓 제공된 떡볶이를 먹어 보니 따듯한 온기를 품은 밀떡은 치아의 움직임에 잘 끊어지지 않을 정도로 탄력이 있으면서도 부드러웠다. 누구라도 좋은 떡이라는 것을 알 수 있을 정도의 흔치 않은 밀떡 식감을 가졌고 높은 온도에 고춧가루 향과 맛이 증폭되어 매콤함이 잘 표현되어 있었다.

떡볶이 떡이 식으면 글루텐 성분의 쫀득한 식감이 살아난다. 몇 시간이 지나게 되면 거친 입자의 전분 힘도 떡에서 느껴진다. 갓 끓여 나온 떡 식감과 식은 떡 식감이 이렇게 다른 것은 밀떡이 가진 물리적 성질이 외부 요인에 의해 달라지는 물성의 원리일 뿐이지만, 떡볶이에서 느껴지는 이곳 떡 힘은 남달랐다.

"힘이 느껴지는 밀떡 맛이 정말 좋다"는 말에 주인아주머니는 "강남에서 떡볶이 떡도 직접 만들었을 당시 저희는 시중의 떡보다 좋은 떡을 사용하고 싶어 D 제분회사의 1등급 생면용 밀가루로 떡을 만들었습니다. 양재동으로 매장 이전 후 (매장 상황상) 떡을 직접 만들지 못하게 되었지만, 비슷한 식감을 가진 떡을 찾기 위해 십여 곳의 떡 업체를 바꿔 사용하는 등 무진 애를 썼었습니다. 강남 때와 비슷한, 원하는 떡을 받기 위해 재료 업체를 두 군데로 나눠 받고 있어요."라고 말해주셨다.

이런 떡 식감과 맛을 손님에게 맛보이기 위해 떡볶이를 미리 만들어 놓지 않고 주문 즉시 떡볶이를 만드는 것이었음을 알 수 있었다.

먹은 것을 사진으로 남겨 SNS에 올리는 것이 요즘의 문화이긴 하지만, 그런 시간적 소비 없이 떡볶이가 나오자마자 바로 먹는다면 이곳만이 가진 밀떡 장점을 제대로 잘 느낄 수 있다. 떡의 식감이 온도감에 따라 카멜레온처럼 변하기 때문이다. 판 떡볶이는 양념이 아닌, 떡 맛이 중심이 되어야 제대로 잘 만들어진 떡볶이라 할 수 있는데 이곳이 그랬다.

이곳 떡볶이 맛에 감동하고 있었을 때 마침, 일주일에 한두 번은 꼭, 찾아온다는 단골손님이 오신 후 튀김에 대한 칭찬을 아끼지 않았다.

이곳은 수제튀김 맛집으로도 알려져 있다. 신선한 재료에 치자(열매) 우린 물로 일식 튀김을 만드는데 특이하게 제빙기까지 있어 얼음물에 치자 물 반죽이라는 기본 조리법을 지키고 있었다.

김말이는 매일 아침 준비하는데 만드는 과정은 마치 김밥과 같았다. 좋은 김에 당근, 아삭이고추, 버섯에 직접 짠 참기름과 간장으로 양념한 당면이 들어간다. 최근에는 이 기본 김말이 외에 모차렐라 자연치즈, 새우, 청양고추를 넣은 김말이 세트도 만들고 있었다.

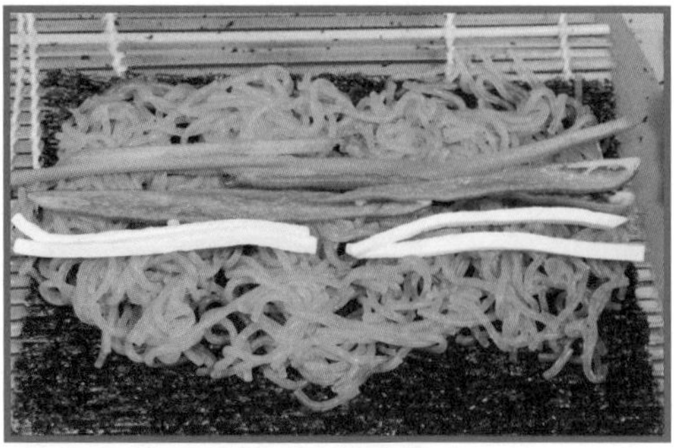

기본 김말이를 만드는 과정

모두 알고 있는 맛이었지만, 책에 정확한 맛을 전하고 싶어서 다섯 차례 방문하면서 각각의 튀김을 모두 사 먹어 봤다.

치자로 색을 입힌 기본 김말이 튀김을 입안에 넣으면, 튀김옷의 바삭함이 먼저 느껴졌다. 씹으면 튀김옷과 김에 스며 있던 고소한 기름이 입안에 퍼지면서 양념된 당면과 당근, 아삭이고추의 매콤함이 함께 어우러지고 버섯의 풍미도 즐길 수 있었다.

신선한 기름을 사용하다 보니 튀김임에도 담백할 정도로 깔끔했고 양념 맛도 강하지 않다 보니 아삭이 고추였음에도 그 고추의 매콤함이 포인트가 되어 맛을 좋게 해주었다. 당면의 꼬들한 식감도 잘 살아 있었는데 확실히 다른 집 김말이와 차별된 맛이었다.

기본 김말이와 치즈김말이

김말이 세트(모듬 김말이)에는 새우나 청양고추가 들어간 김말이도 있지만 눈에 들어온 것은 모차렐라 치즈김말이. 모차렐라 치즈에 있는 지방 성분이 당면에 스며들어 꼬들꼬들한 식감이 사라지고 부드러워졌다. 여기에 고소하고 부드러운 모차렐라 치즈 맛이 더해진 김말이는 맛이 없을 수가 없었다. 단, **모차렐라 100% 자연치즈**는 첨가물이 함유된 인공치즈보다 빨리 굳는 편이다. 최대한 빨리 먹는 것이 좋다. 피자나 치즈돈가스를 먹을 때를 생각해 보면, 식감도 식감이지만 치즈가 쭉 늘어나는 모습을 보면서 먹으면 왠지 만족감이 더 높아지기 때문이다. 어쩌면, 치즈김말이는 맛보다 먼저 눈으로 먹는 김말이라 말할 수 있겠다.

모듬튀김도 주문해봤는데, 김말이 세트 구성에는 기본 김말이가 빠져있었지만, 모듬튀김에는 기본 김말이가 들어간다.

단호박튀김, 고구마튀김, 새우튀김, 오징어튀김, 김말이 등 모두 속재료 본연의 정직한 맛이 잘 느껴지면서도 바삭 고소한 튀김옷과 잘 어우러졌는데, 뭣 보다 식어도 맛이 변하지 않는 점이 좋았다.

이 튀김들은 가쓰오부시 향이 진하게 느껴지는 간장과 함께 먹거나 떡볶이 소스와 함께 먹는다면, 색다른 맛의 변주를 줄 수 있는데 한두 번 씹고 삼키는 것보다는, 오래 씹을수록 느껴지는 재료의 다양한 풍미를 튀김에서 느낄 수 있었다.

근처 직장인들뿐만 아니라 어린이집에도 단체로 자주 사 간다는 꼬마김밥도 사 먹어 봤다.

품질 좋은 재래김에 좋은 쌀, 직접 짠 참기름까지 들어가는 꼬마김밥은 주인아주머니 따님이 도맡아 만들고 있었다.

좋은 재래김을 돌돌 말아 만든 김밥이라서 생각보다 김이 두껍고 참기름의 기름짐이 느껴지기도 했는데 단무지의 아삭한 식감과 달걀지단, 당근 맛이 더해진 김밥은 그냥 먹으면 고소함이 도드라지고 겨자간장을 찍어 먹으면, 톡 쏘는 매운맛도 즐길 수 있다. 이곳 꼬마김밥은 광장시장 마약김밥의 고급 버전 같다는 느낌을 받았다. 꼬마김밥은 이로 끊어 먹는 재미도 있겠지만 가위로 잘라먹는 것이 더 깔끔하고 먹기 수월하다.

꼬마김밥을 담당하는 23세의 따님 김다영 씨는 다른 공부를 하다가 어머니와 함께 일하게 되었다고 한다.

"원래 저는 학교 다닐 때 부동산 전공이었어요. 바쁠 때 어머니를 도와드리다가 한 번은 엄마 대신 오픈 준비를 해봤는데 떡볶이 만드는 것이 보기와 달리 정말 힘들다는 것을 알게 되었습니다. 어머니를 돕다 보니 떡볶이에 관심이 생겨서 지금은 엄마 밑에서 떡볶이 만드는 것을 배우고 있습니다."

22세 아드님 김대건 씨는 입시철이 끝나 잠시 일을 돕고 있다고 했다.

"어머니가 가게를 하면서 좀 더 편하게 생활하게 된 것을 당연하게 생각만 해오다가 요즘 대학 입시가 끝났으니깐 여유가 좀 생겨서 돕고 있습니다. 그동안 당연하게 생각했던 일들이 당연한 것이 아니었음을 알게 되었어요. 힘들고 어렵게 일하고 있는 어머니에게 조금이나마 힘이 되고 싶어 친구들과의 약속도 모두 거절하고 가게 일을 돕고 있습니다."

• 몸에 미안하지 않은 음식

"제가 복인 것이 부동산업을 하는 작은 오빠와 군산에 내려간 큰언니의 권유와 도움으로 떡볶이를 시작하게 되었고 이제는 자식들까지 도와주니 힘이 납니다. 닭갈비를 만들 때부터 생각한 것인데요, 음식은 정성으로 만들어집니다. 또 한 가지 맛이 너무 강하면 어우러지지 않더라고요. 떡볶이를 시작하기 전에 이것저것 엄청 갈아서 넣다 뺐다를 반복해서 만들어봤습니다. 가족들의 도움과 그때의 경험들이 떡볶이에 녹아들어 있어 지금까지 분식집을 운영할 수 있었던 것 같습니다. 분식하면 불량식품일 것 같다는 고정관념이란 것이 있잖아요. 저희 집을 한마디로 표현하자면, **몸에 미안하지 않아도 될 것 같은 분식**입니다."

국미당 주인아주머니

닭갈비 3년, 떡볶이 7년 총 10년이라는 요식업 경력을 가진 주인아주머니는 자신만의 소신으로 좋은 맛을 내는 음식을 만들고 있다. 그 소신이 반영된 떡볶이와 튀김의 장점은 과하지 않은 맛과 깔끔함에 있다. 고춧가루는 임실 것만 쓰고 어묵은 부산의 모 어묵만 쓰는 등 좋은 재료와 특정 브랜드 제품에 대한 소신은 덤이다.

떡볶이는 양념에 들어가는 간장이 깊은 맛을 주고 고춧가루뿐만 아니라 양파, 대파 등 다른 재료들이 어우러지면서 깔끔한 맛을. 가쓰오부시 육수가 향내음을 입혀 풍성한 맛을 자랑한다. 훈제 후 발효시킨 어포의 향과 맛이 더 돋보이게 한다는 것이다.

어렵게 찾아낸 판밀떡을 매일 아침 떼어서 써야 하는 번거로움도 마다하지 않는다. 이는 최상의 맛을 위해 소신을 지키는 분식집들의 한 가지 공통점이기도 하다.

튀김이 맛있는 이유도 깨끗한 기름에 신선한 재료, 정성이 필요하다는 것은 누구나 잘 알고 있는 사실이지만, 그것을 지키는 곳은 흔치 않기에 많은 분께 사랑을 받을 수 있지 않았나 싶다.

주인아주머니는 최상급 좋은 재료만을 고집하며 음식을 만들지만,

재료 값이 계속 상승하는 통에 조금이지만 가격인상이 불가피했던 상황에 나름의 고민이 있었다고 한다. 그동안 음식에 대한 소신과 음식 가격 사이에서 고충이 많았음을 알 수 있는 대목이었다.

주인아주머니에게는 음식에 대한 손님 칭찬이 힘이 된다고 한다. 특히 근처에 아이를 가진, 어머니 손님들이 "건강한 음식인데 맛있다"고 하는 말에서 마음의 위안과 힘을 얻는다니, 그간 마음고생이 꽤 심했음을 짐작할 수 있었다.

오늘도 음식을 칭찬하는 단골손님의 말에 힘을 얻고 몸에 미안하지 않아도 되는 음식을 만들기 위해 아침 일찍 분식집 문을 열고 떡볶이와 튀김 재료 준비를 한다.

영업시간 오전 11시~오후 8시30분
브레이크 오후 2~3시

휴무일 일요일 휴무

주소 서울 강남구 남부순환로359길 19 (도곡동)

연락처 02-533-6767

이 집 어때요?

• 근처에 직장과 집이 있어 일주일에 한두 번은 꼭 찾아옵니다. 혼자서도 잘 오고 직원들이나 동네 엄마하고도 자주 옵니다. 김말이튀김이 다른 데서 먹어 볼 수 없는 수제튀김이라서 좋고 맛도 좋습니다. 떡볶이도 자극적이지 않아 기호에 맞을뿐더러 튀김과도 잘 어울리는 것 같습니다.

– 김은경 씨

• 국미당… 참 맛있죠. 어렸을 때 다니던 떡볶이집 맞은편이라 알게 된 집인데 저도 참 좋아해요. 맛이 변한 집보다 자주 가게 되었지요.

– ID: 유예정

08

영동떡볶이

깊은 아파트 숲, 추억을 지키는 노부부의 손맛

문희옥의 노래 〈사랑의 거리〉에는 '남서울 영동'이라는 가사가 있다. 노래를 모르더라도 '영동'이라는 명칭이 붙은 가게는 많이 봤으리라 생각한다.

서울의 남쪽, 영등포의 동쪽에 위치했다고 붙은 명칭, 과거 논밭이 즐비했던 이 남서울 영동은 아파트가 줄지어 있는 부촌으로 변신했다. 지금 우리가 소위 강남이라 칭하는 지역 일대를 말한다. 그 아파트 단지 사이에는 여든을 넘기신 노부부가 운영하는 오래된 떡볶이집도 있다. 바로 41년 전통의 영동떡볶이다.

1938년생 최두식 주인할아버지와 1940년생 윤명남 주인할머니가 가게를 지키고 있다. 주인할머니는 "호적상 뱀띠와 토끼띠지만 시대 상황상 출생신고를 늦게 하던 때라 실제 나이는 다르다"는 설명을 덧붙이셨다.

• 역삼동 아파트 숲 사이, 오래된 그 집

필자가 처음 이곳을 알고 방문한 것은 2018년 3월이다. 그동안 매체에 정보가 노출되지 않은 미지의 공간이었기에 너무 늦게 찾은 감이 있다. 첫 방문은 꽤 충격적이었다. 소위 '부촌'이라 칭하는 역삼동 아파트 숲 사이에 노포 떡볶이집이 있다는 것도 신기했지만, 떡볶이가 어마어마한 포텐을 가지고 있었기 때문이다. 맛집 탐방에 열광하는 요즘 대한민국 분위기상 이런 곳이 그동안 밖으로 노출되지 않았던 것이 신기했고 한편으로는 떡볶이 마니아로서 깊은 반성도 하게 되었다.

주인할아버지는 판밀떡을 사다가 직접 칼로 자르신다. 튀김도 수제다. 일주일에 한 번씩 가락시장에서 직접 사 온 생물오징어로 튀김을 만들고 고구마튀김, 야채튀김뿐만 아니라 김말이도 김을 자르고 당면을 삶아 직접 만든다. 그것도 매일 아침. **팔순을 넘긴 주인이 열정적으로 움직이는 걸 보고 있노라면, 조금이라도 편하게 일하고자 머리를 쓰던 지난날을 반성하지 않을 수 없다.**

떡볶이 만드는 과정을 지켜보니, 양념장은 며칠 숙성시킨 고춧가루로 만든 양념장을 사용하고 있었다. 주방 가스불과 솥을 이용하여 떡을 한소끔 끓여 익히고 간이 배게 한다. 그 후에 떡볶이 판에 다시 붓고 양념장을 더해 떡에 맛을 입혀 냈다.

신기했었던 것은 떡볶이를 만들 때, 미리 받아서 가라앉힌 물을 사용할 때도 있고 간이 되어 있는 어묵 국물을 사용할 때도 있다는 점이다. 주인할머니에게 물어보니 가라앉힌 물을 더하면서 열을 주면 떡에 수분이 스미면서 떡볶이 판의 떡볶이 수분이 쉽게 줄어들고, 어묵 국물을 사용하면 떡볶이 국물이 잘 줄어들지 않아 그때그때 상황에 따라 달리 사용한다는 대답이 돌아왔다.

경험에 의한 노하우다. 판 떡볶이는 열에너지를 통한 수분과의 싸움으로 완성된다. 같은 재료라도 조리 과정의 수분 날림에 따라 달라지는 떡볶이 느낌을 주인할머니가 손수 보여준 것이다.

고춧가루를 한껏 품은 양념장이 양파, 대파, 마늘 등과 만나 향을 입은 붉은 꽃을 피웠다. 가까이 다가서니 잘 익은 고춧가루 향이 난다.

특이한 점도 있었다. 떡볶이를 갓 만들었을 때는 선홍빛이 돌다가 졸여낼수록 검붉은 색이 된다. 이는 떡볶이 재료에 이곳만의 간장과 춘장이 아닌 특별한 다른 재료도 사용했기 때문이다. 숙성 발효된 간장이 떡볶이 판 위에서 열에 의해 태워지듯 나는 묘한 풍미가 있고 그 향과 맛이 떡볶이 떡과 섞이면, 미묘한 매력이 생긴다. **일부 노포 떡볶이집들은 간장을 잘 사용한다.** 이곳도 마찬가지였다.

주문한 떡볶이를 마주하고 앉자 매콤하고 달콤한 냄새가 올라온다. 분명 아는 냄새인데 코끝에 닿는 그 향이 묘하게 좋다. 떡을 입에 넣자 따듯한 온기가 가득 차 기분 좋다. 고춧가루로 만든 양념장인데 신기하게도 잘 만든 장맛도 난다. 마늘, 양파, 대파 등이 맛을 좋게 하고 있다. 구수하다. 매콤하고 달콤한 맛이 입 안에 착착 감긴다. 안 매운 듯 매운 듯 경계선을 넘나드는 매혹적인 맛은 깔끔하면서도 깊다. 요즘 유행하는 떡볶이처럼, 너무 달지도 너무 맵지도 않다.

주인할머니의 마법의 손저울이 오케스트라의 지휘자처럼 재료 간에 완벽한 조화를 이루게 한다는 생각까지 든다. 주재료인 고춧가루가 현악기 바이올린 역할을 하면서 멜로디를 만들어간다고나 할까? 대파, 양파 등의 채소의 맛은 목관악기의 클라리넷처럼, 부드러운 단맛을 이끌어 내고 마늘의 산들거림은 금관악기인 트롬본처럼, 존재감이 드러나지만 튀지 않고 다른 재료와의 화음을 맞춰둔다.

• 누군가에게 그리움을, 누군가에게 새로움을

이곳 떡볶이는 단맛이 적어 요즘 떡볶이와 다르지만, 떡볶이와 궁합이 좋은 대파, 양파, 마늘 등의 채소를 듬뿍 갈아 넣어 맛이 깔끔하고 이곳만의 간장 등을 사용해 풍미가 깊고 오묘하다. 20~30대에게는 생소할 수도 있는 맛이지만, **40대 이상인 사람은 옛날에 먹던 맛이라고 좋아할 맛**이다.

양념 맛에 반하고 있을 때 떡이 뒤늦게 기지개를 핀다. 할아버지 정성이 담긴, 사선으로 잘린 떡이다. 한입에 먹기 좋은 크기다. 어묵도 없고 떡 맛에 집중한 떡볶이다. 황금 타이밍처럼, 잘 만들어진 떡볶이 떡은 탄력 있게 씹힌다. 참 묘하다. 일반적인 밀떡 식감이 아니다. "떡을 가져오는 곳에서 밀떡에 쌀이 들어 있다 하더라고요."라는 말씀에 궁금증이 풀렸다. 과거에는 쌀떡을 사용했는데 요즘 입맛에 맞게 밀떡에 쌀이 들어간 떡을 사용한다는 설명을 덧붙여 주셨다. 즉 이 집 떡은 곡물 전분을 잘 사용한 밀떡이다.

떡과 양념의 조화가 완벽하다. 두 분의 연륜답게 엄청난 내공이 떡볶이에 들어 있다. 그렇게 떡볶이를 많이 먹어 봤어도 이런 미지의 신세계가 있다니 떡볶이는 먹을수록 놀랍다. 떡볶이의 모든 것이 인스턴트화되어가는 오늘날에 이런 집을 찾은 것은 우연이 아닌 기적이다. 지금도 이곳을 생각하면 가슴이 설렌다.

깊은 품격이 느껴지는 떡볶이에 놀란 입을 어묵 국물이 달래준다. 어묵 국물은 다시마를 넣고 진하게 우려낸 멸치 육수로 만들었다. 간이 강하지 않아 슴슴하고 깔끔하다. 간장 등의 재료가 어우러져 은은하게 다가오는 깊은 맛도 느낄 수 있다. 이곳 음식들은 무엇이든 정갈하고 과하지 않은 감칠맛이 있다.

집에서 먹는 맛 같아 좋다고 포장해 간 30년 단골손님뿐만 아니라 미국에서 오자마자 집에 가지 않고 이곳부터 찾아온 손님도 있을 정도로 오래된 단골손님이 많다. 근처 학교 졸업생도 마찬가지다. 진선여고 출신의 '맛있는 탐구생활' 동호회 한 분은 이곳을 생각하면, 옛날 생각이 나서 눈물까지 난다고 말씀하신 적도 있다.

현재 자리에 터를 잡기 전에는 영동아파트 앞에서 이동식 포장마차를 운영했다고 하는데 그때는 줄을 서야지만 떡볶이를 먹을 수 있었다.

어묵도 튀김도 모두 정갈하고 깨끗한 만듦새를 보이는데, 야채튀김 생김새가 독특하다.

1980~1990년대 당시에는 학교마다 불량식품이라면서 선생님들이 못 먹게 단속 나오곤 했었는데, 재밌는 점은 단속 나왔던 선생님들이 이 떡볶이 먹으러 쫓아다녔다는 것이다. 단속 나왔던 선생님들이 오히려 즐겨 먹게 된 영동떡볶이의 엄청난 매력.

하지만 그리도 인기 많았던 떡볶이가 세월이 흐름에 따라 잊혀지고 새 손님을 몰고 오기에는 노출이 덜 되어 지금은 과거의 영광을 되찾지는 못하고 있다. 이 맛있는 떡볶이가 유명하지 않다니 안타까운 일이지만, 한편으로는 다행이다 싶다. 예전처럼 너무 바빠지면, 이제는 연세가 지긋하신 주인 내외분이 감당하기 어려우실 테니 말이다. 음식 회전율이 느리니 떡볶이 판 아래 가스 불은 켜졌다 꺼졌다 반복된다. 혹시 떡이 불지 않을까 염려된다면 전혀 걱정할 필요가 없다. 앞서 이야기했듯 가라앉힌 물이나 어묵 국물을 넣어 소스의 농도를 조절하기 때문이다.

우연히 단골손님과 함께 온 외국인도 만날 수 있었다. 바르셀로나에서 온 다비드 씨는 11년 전부터 한국을 오갔기 때문에 한국 음식이 낯설지 않다고 말하지만, 떡볶이는 이번에 처음 먹어본 것이라고 했다. 떡볶이를 먹은 감상이 참 재밌었는데, "외국에서 마카로니에다가 토마토를 넣는 느낌이다. 맛있다. Good!" (참고로 스페인에서 토마토소스가 최초로 만들어졌다 하고 그 토마토소스는 국민 소스라 할 만큼 친숙하다) 떡꼬치를 먹으면서도 "파스타 같으면서도 또 다른 느낌이다. I like gochujang."이라며 인상 깊은 평가를 남겼다. 외국인도 부담 없이 즐길 수 있는 분식이 이곳에 있다.

바르셀로나에서 왔다는 다비드 씨

• 영동분식의 투톱two top 주인공, 떡꼬치

영동분식에서 빼놓으면 아주 섭섭한 메뉴가 하나 있다. 떡꼬치다. 이

집의 떡꼬치는 원래 단골손님만 알던 비밀메뉴였다. 그런데 찾는 사람이 많아졌기 때문인지 1년여 만에 다시 방문했을 때는 당당히 정식 메뉴가 되어 메뉴판에 적혀 있었다.

떡꼬치는 떡을 꼬치에 꿰어 기름에 튀겼다가 겉면에 양념을 슥슥 바르면 완성된다. 간단해 보이지만 맛이나 숨은 조리 과정은 단순하지 않다. 떡 맛과 어우러지는 매콤달콤한 떡꼬치 양념장이 가히 예술이다.

떡꼬치 양념장은 거의 매일 만든다. 양파, 대파 등 채소를 갈아 넣은 양념장이다. 매콤한 맛은 고추장에서 나오는 맛이 아니다. **고춧가루로 만든 묽은 양념장**이다. 달콤한 맛은 물엿의 단맛이 전부가 아니었다. 채소를 갈아 넣어 은은한 단맛을 더한 것 같다. 재료들이 서로 다투지 않고 한데 어우러지는 맛이다. 맛이 과하지 않고 깔끔하다.

신선한 기름에 튀긴 떡은 매우 고소하다. 튀겼지만 바삭함을 강조하지 않았다. 말랑말랑한 부드러운 식감이 좋다. 단, 튀겼을 때 바로 먹어야 말랑하다. 떡꼬치가 식으면 말랑함은 쫄깃함으로 바뀐다. 둘 다 아주

매력적인 식감이다. 양념장 맛 끝에 전해지는 떡 맛은 씹을수록 고소하다. 식어도 맛이 좋아 포장해가는 손님도 많다. 하지만, 이곳에서 바로 먹어야만 떡꼬치 진가를 제대로 느낄 수 있는 건 확실하다.

다른 곳에서 맛볼 수 없는 **대한민국 최고의 떡꼬치**였다. 단순히 맛있는 게 아니라 뒷맛이 깔끔하고 살짝 튀긴 떡과의 조화가 너무 좋았다. 이런 감동을 그대로 전하자 주인할머니는 호탕하게 웃으며 답하셨다.

"우리 떡꼬치는 아들도 좋아해요. 떡꼬치의 생명은 고춧가루 다진 양념장의 신선함이에요. 거의 매일 만들어야 갈아 넣은 신선한 양파, 대파 등의 맛이 떡꼬치에 전해지니깐요."

이곳 떡볶이와 떡꼬치는 참 묘하다. 분명 고춧가루 다진 양념장인데 장맛도 느껴지니 말이다. 고춧가루도 고운 것을 사용하고 고추장 만드는 과정처럼, 숙성 과정이 있기 때문이겠지만 말이다. 장맛이 느껴진다는 말에 주인할머니는 "그래요? 우리는 고추장은 안 쓰니깐."이라며 미소를 보이셨다.

주인할아버지는 맛의 비밀에 대해 이렇게 말씀하셨다.

"사람마다 잘 어울리고 맞는 옷이 있듯이 의상이 아무리 화려하고 좋아도 그 사람에게 맞는 옷이 아니면 보기 좋지 못해요. 떡볶이도 마찬가지예요. 떡볶이에 맞는 양념을 해야지 아무리 양념을 많이 하고 좋은 재료를 넣는다고 해도 거기에 배합이 잘 맞지 않으면 안 돼요. 우리 떡볶이는 거기에 맞는 양념을 적정하면서도 후하게 넣는 것이 맛의 비밀이에요."

주인할머니는 "뭐든 기분 좋게 만들어야 음식이 맛있는 거"라며 말씀을 거들어 주셨다.

사실 우리는 이 집 떡볶이 장에 어떤 성분이 들어 있고 이것이 떡볶이 조리 과정에서 어떤 역할을 하여 맛을 좋게 하는지에 대해서는 알 필요가 없다. 아니, 보통은 궁금해하지도 않을 거다. 군더더기 없는 맛이지만 깊은 풍미를 가진 이 기품 있는 떡볶이를 맛있게 먹으면 그걸로 되는 것이니깐.

• 절망을 이기고 오늘을 만든 굳센 삶의 의지

사실 주인할아버지, 할머니는 젊을 적 다른 일에 몸담았던 분들이다.

지금도 그렇지만 1960년대 종로 큰 거리는 사람이 많았다. 그중 화신백화점(현재 종로타워 자리)이 있던 부근에는 한일관, 북경관, 종로예식장 등이 있었고 당시 젊은이들의 만남의 장소인 다방도 있었다. 단성사와 신민당 당사가 옆에 있어 김두한도 자주 들렀고 20대 시절의 탤런트 이순재, 여운계 씨뿐만 아니라 당시 고려대학교 조동필 총장을 비롯하여 서울대, 고려대, 연세대 등 대학교수들이 자주 찾아 교수 아지트 다방이라고 불리던 송아지다방이다. 60평 규모의 큰 다방이었는데 그곳을 운영하던 사람이 바로 현재 영동떡볶이 주인 내외였다.

영동떡볶이 주인할머니와 주인할아버지

그런데 박정희 대통령이 암살된, 10·26사건 이후로 상황이 뒤바뀌었다. 돈이 융통되지 않아 어음이 부도나고 당시 집 몇 채와 사업체 등 10억 정도의 큰돈을 하나도 건지지 못하여 빈털터리가 된 채 당시 집값이 쌌던 대치동으로 터전을 옮겼다고 한다. 그러다가 따님이 진선여고에 다니게 되면서 이곳 역삼동으로 넘어왔고 아는 분의 도움을 받아 영동아파트 앞 이동식 포장마차를 차렸다. 그렇게 포장마차에서 25년, 길섶근린공원 앞 건물 반지하에서 16년째 떡볶이를 만들고 있는 41년 전통 떡볶이집이 된 것이다.

'호강하면서 떵떵거리고 살던' 주인할머니는 당시 너무 큰 충격에 빠져 삶을 포기할 생각을 몇 번이고 했지만 생때같은 자식들이 눈에 밟혀 떡볶이를 만들어 팔기 시작했다. 그리고 그 떡볶이로 자식 셋을 모두 대

꼼꼼하게 포장한 상자를 싣고 배달 나가시는 주인할아버지를 포착했다.

학에 보냈다고 하니 이곳 떡볶이에는 절망을 이겨낸 의지가 녹아 있지 않나 하는 생각이 들었다.

삶을 포기하지 않고 굳세게 이겨내신 것도 정말 다행이지만, 떡볶이 마니아로서도 이곳이 있어 다행이라고 마음속 깊이 생각한다. 이곳에서 **옛날 떡볶이의 표본**을 맛봤기 때문이다. 수많은 떡볶이집 중에서 이곳을 찾아간 것은 탁월한 선택이었다. 극상의 떡과 양념 그것들을 이어주는 주인할아버지와 주인할머니의 정성. 그 정성에 물들어 가는 순간이 행복하다. 유독 일이 잘 풀리는 어떤 날처럼, 모든 것이 딱 들어맞는 맛이기 때문이다.

근처 학교와 세브란스 병원에서도 종종 배달 주문이 오곤 하는데, 이때도 대충 음식을 보내는 법이 없다. 보이지 않는 정성이 가득 담긴다. 한번은 세브란스 병원에 배달 갈 준비를 하는 주인할아버지를 마주친 적이 있는데 좀 놀라웠다. 상자 속 중간 중간에 칸막이용 골판지까지 대어가면서 음식을 포장하는데, 대한민국 어느 떡볶이집에서 이 정도로 꼼꼼히 포장하여 배달할까? 할아버지는 포장이 끝난 상자를 마치 신줏단지 모시듯 동여매고는 자전거에 싣고 나가셨다. 깐깐할 정도로 꼼꼼하고 완벽함을 추구하는 주인할아버지의 성품이 보이는 대목이다.

맛과 정성을 생각하면 가격도 비쌀 것 같지만 정 반대다. 2021년 강남 한복판에서 파는 떡볶이 1인분, 떡꼬치 1인분 가격이 2,000원이라니 믿기 힘든 가격이다. 좋은 맛을 가진 음식이 이렇게 저렴하다니. 30년 이상 된 단골손님이 말해주듯, 집에서 먹는 것 같은 깔끔한 맛이 있어 좋고 정겨움도 있어 좋은 곳이다.

마지막으로 하나 팁을 전하자면 이곳에서는 **떡볶이를 먹은 후에 떡꼬치를 먹는 것이 지혜로운 선택**이다. 떡꼬치 단맛이 떡볶이 단맛보다 강하기 때문이다. 약한 맛에서 강한 맛 순서로 먹는 건 당연한 상식이다. 그래야만 두 음식 장점을 모두 느낄 수 있다.

긴 역사만큼 장인 정신으로 만든 음식을 단순히 맛으로만 평가할 수 없다고 생각한다. 돈으로 환산할 수 없는 값어치가 있기 때문이다. 재개발 예정인 이런 분식집들이 사라지지 않고 계속 이어졌으면 좋겠다.

영업시간 오전 11시~오후 9시

주소 서울 강남구 도곡로51길 31

연락처 02-554-7372

이 집 어때요?

• 도곡초와 역삼중을 나왔는데요, 초등학생 때부터 온 곳이라 정겹고 집에서 먹는 맛 같아서 자주 찾습니다.

- 김영재 씨(41세)

• 얼마 전에 이곳에 다녀와 추억에 빠진 1인입니다. 초등학교 시절 즐겨 먹던 떡볶이를 다시 먹게 되니 기분이 이상하더라고요. 너무 잘 정리해 주셔서 감사합니다.

- ID: 극속 전설

• 영동 아파트 담벼락 가게(세 개)에서 가장 장사가 잘 된 가게예요. 재개발 후 여기만 남은 거 보고 놀랐는데 여길 갔다 오시다니… 그때 역삼 이마트 앞에도 떡볶이집이 많았는데. 다음에 친정 갈 때 다시 먹어봐야겠네요. 몇 년 전에 언니가 옛날이랑 맛 똑같다고 했거든요.

- ID: 딩굴(43세, 맛있는 탐구생활 동호회 회원)

• 주인할아버지께서 친절하시고 떡볶이 맛이 아주 독특하다는 느낌이 있어요. 라면 빼고 모든 메뉴 다 먹었네요. 떡꼬치 양념이 달지 않아서 너무 좋아요.

- ID: 새총(45세, 맛있는 탐구생활 동호회 회원)

09

튀김아저씨

튀김 맛집인 줄만 알았더니,
국물떡볶이 맛도 엄지 척

국물떡볶이의 기원을 아는 분이 있을까?

40여 년 전은 먹을거리도 많이 부족하고 배고팠던 시절이었다. 당시 방과 후 국민학생(초등학생)들의 사치라고 해봐야 핫도그 아니면, 떡볶이를 사 먹는 정도다. 하지만 어머니가 챙겨주는 몇십 원 혹은 100원 정도의 용돈은 배고픔을 이겨내기에 턱없이 부족한 금액이었다. 떡볶이 떡 열 개에 100원 정도 했기 때문이다.

이런 아이들을 안타깝게 여긴 한 떡볶이집 주인은 국물이 넉넉하게 담기는 떡볶이를 만들기 시작했다. 모두가 어려운 시절 국물이라도 배불리 먹이자는 엄마 같은 마음이었다.

"국물떡볶이라는 개념도 없던 때 우리 집에서 만들기 시작했습니다. 우리 떡볶이가 국물떡볶이 원조입니다."라고 귀띔해주신 41년 전통 간판 없는 떡볶이집 주인장 81세 박정자 할머니 이야기다. 마포구 신수동, 신석초등학교 후문에 자리한 이 집은 본래 만화방이었다. 국물떡볶이도 만화방 한쪽에서 팔았던 건데, 지금도 70~80년대 만화방이었던 흔적이 고스란히 남아 있다.

신수동 간판 없는 떡볶이집의 국물떡볶이. 계란은 으깨고 떡은 가위로 잘라 숟가락으로 푹푹 떠먹어야 제맛이다.

이곳 떡볶이는 '떡볶이계의 평양냉면'이라 불릴 정도로 요즘 떡볶이와 달리 덜 달고 덜 맵고 덜 짜다. 메주 향처럼 콩 맛이 나는 고춧가루 다진 양념장으로 만든 떡볶이는 콩나물국처럼 시원하고 깔끔하다. 해장용으로도 딱이다. 전날에 술을 먹고 얼큰하게 취기가 남은 단골손님들이 필수 코스처럼 들르는 곳이다.

저염 떡볶이지만 아이러니하게도 핵심 재료는 소금이다. 직접 2~3년 간수를 뺀 천일염이 떡볶이 맛에 중요한 역할을 하며 기본에 충실한 맛을 자랑한다. 고추씨까지 넣은 고춧가루 다진 양념을 사용해 특유의 구수한 향과 맛이 있다.

신수동에서 시작된 국물떡볶이는 이제 다른 지역에도 몇 군데 성지 같은 곳이 생겼다. 먼저 남양주에는 '짱떡볶이'가 있다. 신수동 국물떡볶이가 '국떡'으로 불리며, 앞서 평양냉면으로 표현한 것처럼 호불호가 좀 갈린다. 반면 고춧가루 다진 양념장에 다양한 재료를 더해 요즘 사람들이 원하는 맛으로 만든 국물떡볶이가 바로 짱떡볶이다. 이 책에도 소개해 두었다.

한강 남쪽으로 내려가면, 신사동에 있는 '탱크'의 국물떡볶이가 유명하다. 매장도 아기자기 깔끔하고 국물이 향긋하며 단맛이 있어 여성분들 입맛에 맞을 것이다. 그리고 대치동에는 상위 1% 사람들에게도 인정받은 고추장으로 만든 국물떡볶이가 있다. 바로 지금 소개하려는 '튀김아저씨' 이야기다.

필자는 도곡동 숙명여고 앞 노점 트럭에서 10년 동안 떡볶이와 튀김으로 인기를 끌었던 분이 대치동 은마상가에 2016년 2월 가게를 열었다는 이야기를 듣고 두어 달쯤 지난 2016년 4월에 처음 방문했었다.

몇 번 방문하면서 정직하고 순박한 주인 내외의 모습과 좋은 재료로 만든 국물떡볶이 그리고 새 기름으로 만든 튀김 맛에 반해 방송국 피디님께 추천하기도 했는데 그 후 모 방송에 출연하여 유명세를 치렀다. 필자는 음식 맛만큼 중요한 것이 주인장 성품이라 생각한다. 이 책에 실린 '짱떡볶이' 두 아드님, '콩이네' 주인아저씨, '튀김아저씨' 주인아저씨는 형제라고 해도 믿을 정도로 닮은 점이 많다. 말수가 적고 고지식할 정도로 성실하신 분들이다.

• 칠전팔기의 마음으로 시작하다

가게에서 실장님으로 통하는 57세 박기준 주인아저씨는 사연이 많은 분이다. 성공하겠다는 일념에 1988년 서울올림픽 폐막 하루 전, 무일푼으로 부산에서 서울로 상경했다. 서울역 인근 만화방에서 잠을 자고 백화점 정육코너에서 6개월 일하면서 소 잡는 것도 배웠고 그 후 요리를 전문적으로 배우기 시작했다. 29세 되던 해에 강남 논현동 힐탑 호텔 앞 푸드 트럭 형식의 노점에서 토스트와 어묵을 7년간 만들면서 당시 피아노 선생님이었던 지금의 아내를 만나게 되었다고 한다. 어느 정도 돈도 벌어 명일동에 큰 규모의 돈가스집을 차렸는데 그 일이 인생의 첫 실패가 되었다니 안타까웠다.

"장사 이야기를 하면 소주 세 병은 마셔야 합니다. 누구나 다 사연이 없지 않겠지만, 저는 힐탑 호텔 앞에서 장사가 잘된 것에 용기를 얻어 명일동에 큰 규모로 돈가스집을 오픈했었습니다. 1년간 돈가스 대박집 네 군데를 돌아다니면서 돈가스 만드는 방법을 배웠는데요. 음식의 좋은 맛은 좋은 재료에서 나온다는 것을 깨닫고 최상의 재료로 돈가스를 만들었습니다. 사실 저는 메인이 돈가스이고 제일 자신 있습니다. 계란물에 우유와 마를 갈아 넣고 직접 주문한 빵으로 빵가루를 입히고 만드는 것인데 맛이 정말 좋았습니다. 그런데 손님이 없는 것이라에. 그때 음식

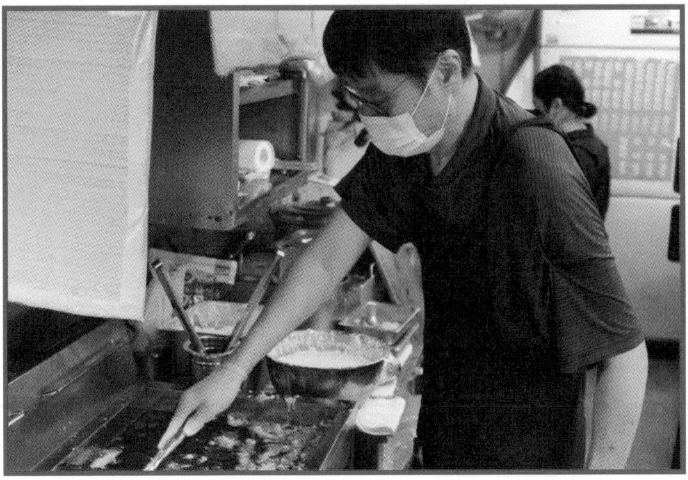

주인아저씨는 몇 번의 실패로 앞날이 캄캄하고 보이지 않아도 성공할 것이라는 믿음으로 정직하게 일하고 또 일했다. 그러다 보니 서서히 빛이 들어와 오늘에 이르렀다.

은 맛만 가지고는 안 된다는 것을 깨달았습니다. 경험이 중요하다는 것을 알게 된 거죠. 가게 목도 안 좋았고 망했습니다. 그 후 치킨집도 해봤는데 가게 문을 열고 일주일 만에 조류 독감이라는 말이 처음으로 뉴스에 나오더라고요. 그 이후로 야식집도 해보고 알뜰 장도 해보고 아무리 해도 안 풀리는 것이라에. 그래서 집사람과 상의해서 다시 밑바닥부터 시작하자는 칠전팔기의 마음으로 시작한 것이 도곡동 숙명여고 앞 트럭 노점이었습니다."

주인아저씨를 '방송에 나와 성공한 분'으로 알기 쉬운데 꼭 그런 것만이 아니다. 이렇게 몇 번의 실패 경험과 부단한 노력이 영양분 넘치는 토양으로 깔려 있었고 방송을 통해 주인아저씨의 능력이 꽃필 수 있었음이다.

• '상위 1% 사모님' 마음을 사로잡은 떡볶이

그간의 경험을 바탕 삼아 시작한 숙명여고 앞 장사도 처음은 녹록지 않았다고 한다.

"도곡동에 올 때는 아무래도 그동안의 경험이 있었으니깐에 자신 있었습니다. 그런데 한 1~2년 동안은 손님이 없는 것이라에. 그곳이 상위 1%가 사는 곳이 아닙니까. 찻길 맞은편에 타워팰리스도 있고. 나중에 이야기 들어보면, 노점이라는 선입견에 거기서 먹지 말라고 사모님들이 이야기했다고 하더라에. 그러다가 2년 좀 안 되니까 사모님 사이에서 **'여기는 좀 믿을 만해'** 이런 이야기가 나오기 시작했다 아닙니까. 먹지 말라고 했던 사모님들 셋이 와서 제 앞에서 그런 이야기를 하더라에. 아! 이제 여기서도 인정을 받았구나. 하고 자신감을 얻게 되었습니다. 노력을 정말 많이 했습니다. 비가 오나 눈이 오나 항상 나와서 음식을 만들었고 여학생들이 오면 정말 제 딸처럼 잘 해줬습니다. 1인분을 포장해가면서 많이 달라고 하면, 2인분처럼 많이 주었습니다."

그 덕분이었는지 숙명여중에 이 집과 관련한 재밌는 일화가 전해진다. '존경하는 인물'을 주제로 토론 수업 중이었다고 한다. 이때 한 여학생이 튀김아저씨를 언급했는데 옆에 있던 친구도 냉큼 손을 들면서 그 말에 동의한다며 본인의 '롤 모델'로 칭했다고 한다. 그리고 이 얘기가 학부모 모임 자리에 전해지면서 엄마들 사이에서도 화제가 되고 입소문이 난 터였다.

마지막 취재는 추석 전에 이루어졌는데, 명절 전임에도 손님이 아주 많았다.

이른 아침 출근한 주인아저씨는 먼저 튀김기에 새 기름을 넣고 떡볶이 국물에 사용할 육수 다섯 통을 끓이면서 음식 준비를 시작했다. 이 집은 국물떡볶이를 만드는 곳이기 때문이었다. 이곳 국물떡볶이는 51세 김현정 주인아주머니의 작품이다.

“저희 집 떡볶이는 어릴 적 어머님이 집에서 해 주시던 방식으로 만들고 있습니다. 엄마표 떡볶이를 먹고 자라서인지 다른 방식으로 만든 떡볶이는 성에 안 차더라고요. 저희 딸들도 떡볶이를 좋아하다 보니 딸에게 해준다는 엄마의 마음으로 만들고 있습니다. 종갓집처럼 대가족이었던 친정엄마가 해주시던 집 떡볶이 스타일이라서 특별한 것은 없다고 생각해요. 국산 청양고춧가루와 안 매운 고춧가루, 국산 마늘, 좋은 고추장과 소금 등 좋은 재료만을 고집해 사용하고 있습니다. 방송 때도 보셨겠지만, 주재료 중 하나는 여러 가지 건어물입니다. 용근 씨에게는 다 알려주고 싶지만, 방송 다음 날 동종 업계 사람이 찾아오기도 하고 그동안 수많은 사람들이 비법 재료들을 알려 달라고 했는데 정말 곤란하더라고요. 충청도 출신의 저희 어머님이 알려 준 노하우도 있기 때문에 방송 때 공개된 것 이외의 몇 가지 재료 노하우는 공개되지 않았으면 좋겠네요.”

떡볶이 비법 재료는 비밀로 하길 원하셔서 더 묻지 않았다. 방송으로 이름을 알린 만큼 그간 숱하게 시달려 온 주인아주머니의 고달픔이 충분히 이해되었기 때문이다.

떡볶이를 주문하면 어묵 국물도 함께 주는데 어묵 국물도 범상치 않았다. 떡볶이 국물에 쓸 육수는 매일 새로 만들어 사용하지만, 어묵 육수는 일본의 노포 어묵집처럼 **씨간장 개념의 씨육수**를 6년간 이어오면서 조금씩 사용하고 있었다. 그 때문인지 어묵 국물 맛이 상당히 깊고 풍성했다. 맛이 좋은 어묵 육수를 떡볶이 국물에도 쓰면 더 좋지 않나 생각할 수 있지만 그렇지 않다. 그 차이는 마늘 때문이다. 마늘은 변질되기 쉬우므로 마늘을 사용하는 떡볶이는 새로 만들어 사용하는 쪽이 맛을 유지하기 쉽다. 참고로 사골 고기 육수의 단백질(아미노산) 성분들이 동치미 속 유산균의 좋은 먹이(유산균 증식 활성화)가 되어 육수의 맛 항상성을 유지하기 힘들다. 그렇기 때문에 영업장의 '동치미 평양냉면'은 육수와 동치미를 매일 섞어내야 하는 것처럼, 자극적이지 않고 건어물의 아미노산 성분이 풍부한 '국물떡볶이' 또한 일정한 맛을 위해 매일 아침 육수를 만드는 것이다.

떡볶이 1인분을 주문했다.

어묵이 많이 들어간 국물떡볶이다. 어묵은 말 그대로 생선살을 묵처럼 만들었다고 붙여진 이름이다. 으깬 생선살에 전분과 소금 등 재료를 넣고 굳혀서 먹는데 떡볶이와 꽤나 잘 어울린다. 조기 새끼인 깡치나 갈치

새끼인 풀치가 사용되는 등 어묵 제조사마다 맛이 다르다. 그 어묵 맛에 따라 떡볶이 맛에 큰 영향을 주기도 하는데 평소 어묵을 좋아하는 주인아주머니 영향으로 비린내가 안 나는 어묵이 푸짐하게 들어가는 떡볶이였다.

떡볶이용 육수를 매일 따로 끓여 사용한다.

탕국의 시원한 맛과 장국처럼 진하고 칼칼한 맛이 공존하는 국물떡볶이는 정확히 어떤 맛이다, 라고 콕 집어내기 힘든 특유의 향과 맛이 있다. 여러 재료가 어우러진 맛이기 때문이다. 마늘 향이 특히 좋게 다가왔는데 그 비밀은 바로 **국산 마늘**에 있었다.

"장모님이 국산 통마늘을 줘서 껍질을 까서 먹어본 적이 있었습니다. 마늘이 확실히 달면서 다르더라고요. 그때 마늘의 중요성을 알게 되어 국산 마늘만 고집하고 필요할 때마다 빻아서 쓰고 있습니다."

매일 아침마다 떡볶이 육수를 끓이지만, 하루 만에 만들 수 없는 재료도 들어가서 감칠맛이 좋고 풍미도 깊다. 온 육수를 통해 간이 숙성도 되고 숙성된 어떤 특정 재료를 통해 깊은 맛을 더했다. (주인아주머니 부탁으로 몇 가지 재료는 일부러 공개하지 않았다) 단맛이 강한 요즘 떡볶이와 달리 덜 달게 느껴져서 좋았고 건어물 등 여러 재료 맛들이 튀지 않고 서로 어우러지는 것이 이 떡볶이의 큰 장점이다. **찌개 같은 장국 스타일**이라서 떡볶이가 따듯할 때 빛을 발하고 맛도 더 좋다.

개운한 매운맛에 입안이 얼얼해져야 답답했던 속도 풀리고 기운이 난다. 이 떡볶이를 먹기 위해 술을 먹고 **해장한다는 손님**들도 있을 정도다. 이런 국물떡볶이는 언제나 환영이다.

이 국물떡볶이는 여러 번 변화하며 먹는 이를 즐겁게 한다. 갓 끓여낸 떡볶이 국물은 맑은 탕국처럼 시원하고, 양념 밴 떡볶이 떡과 먹으면 찌개 장국처럼 칼칼하고 진한 풍성한 맛을 느낄 수 있다. 떡볶이와 단짝 친구인 튀김을 국물에 담가 먹게 되면 기름진 감칠맛이 더해지는데 특히 고구마튀김과의 궁합이 꽤 좋았다. 이는 고구마 단맛이 더해지면서 보다 풍성한 맛을 느낄 수 있기 때문이다.

• 이름값 제대로 하는 튀김 맛

주인아저씨 휴대전화 바탕화면에는 '맘을 편히 먹어요. 어차피 될 일은 된다고요.'라는 문구가 있다. 얼마나 긍정적이고 낙천적인 성격을 가진 분인지 드러나는 한 문장이다. 하지만 일하는 공간에서는 완전히 다른 사람으로 변한다. 눈빛부터 달라진다. 잡다한 일조차 성실하게 수행함은 물론이고 음식은 매의 눈으로 깐깐하게 계속 살피신다.

어찌나 철두철미하게 음식을 만드는지, 이곳에서 일하시는 아주머니의 증언이 뒷받침한다.

"처음 배운 게 아침에 떡을 떼는 일이었어요. 처음에는 손에 익지 않아 떡을 뭉텅이로 땅에 떨어뜨린 적이 있었어요. 너무 당황해서 어쩌나 하고 있는데 우연히 주인아저씨가 보셨어요. 떨어진 떡을 음식물 쓰레기통에 버리셨죠. 꽤 큰 덩이였는데 아까워하는 기색도 없이 실수로라도 손님에게 드릴 음식에 쓰게 될까 봐 바로 버리시더라고요. 정말 죄송한 마음이 들었습니다. 그래서 저도 일할 때 더욱 조심하게 되었습니다. 저는 방송 나간 지 얼마 안 됐을 때 여기에 왔으니 3년이 조금 안 된 시간이네요. 그간 옆에서 보니 두 분이 확실히 진정성 있게 손님을 대하는구나 싶어요. 성실하시고 착하시고, 그러니 딱 1년만 일하려고 마음먹고 들어왔는데 만 2년이 넘도록 제가 이곳에 있네요. 사실 일하는 입장에서 쉬운 곳은 아닙니다. 아니, 정말 어려운 곳이에요. 저에게는 제일 힘든 작업이 오징어 밑 작업이에요. 그것만으로도 힘든데 그동안 주인아저씨가 오징어 껍질 벗기는 작업까지 해오셨다니 처음에는 꽤 놀랐습니다. 아니 사람의 힘으로 이걸 어떻게 수년이나 해오셨나 생각했습니다."

요리 좀 해보신 분들은 아시겠지만 오징어껍질 벗기는 작업이 보통 힘든 게 아니다. 게다가 영업장이니 그 양도 어마어마하다. 주인아저씨의 수고로움이 보드라운 오징어튀김을 만든다.

사실 주인아저씨는 하지 정맥류 수술을 네 번 하는 등 다리가 불편한 상태로 일을 하고 있었다.

"노점상 했을 때부터 주방만큼은 요리만큼은 제가 해야 한다는 생각을 가지고 있습니다. 몸이 힘들어도 손님이 맛있게 먹어주면 행복하다 아닙니꺼."

주인아저씨의 이야기다. 다리에는 수술 흔적을, 팔뚝에는 튀김에 덴

상처를 훈장처럼 달고 계셨던 주인아저씨는 아프다는 내색 한번 없이 묵묵히 튀김을 만들어내신다.

첫째 따님인 24세 박예진 씨는 요즘 일주일에 세 번 나와 일손을 돕기 시작했다고 한다. 인터뷰 요청에 쑥스러운 기색이었지만 부모님에 대한 마음을 조심스레 표현했다.

"부모님이 힘들게 일하시는 모습이 안타깝더라고요. 다른 사람이 하는 것보다 제가 해야 제 마음이 편하니까 도와드리게 된 거죠. 나중에 많이 배워서 만약 이 가게를 이어나갈 수 있게 된다면, 부모님의 정성 어린 음식 맛 하나만큼은 변하지 않게 하고 싶습니다."

활어를 사용하는 횟집이 아닌 이상, 분식집에서 사용할 수 있는 가장 신선한 오징어는 선동오징어다.

갓 잡아 배에서 급속 동결(냉동)시킨 오징어를 쓰는데, 이것을 전날 밤에 해동하여 다음 날 아침에 껍질을 벗기고 다시 하루 이틀 숙성시킨다. 튀김용 오징어를 준비하는 작업만 해도 총 3~4일간의 시간이 필요했고 상당히 번거로운 작업이지만, 그 과정은 꼭! 지키면서 튀김을 만들고 있었다.

취재차 몇 번 방문하면서 하루는 오징어 껍질을 벗기는 과정도 우연히 볼 수 있었다. 신선한 살오징어의 상징은 껍질이 초콜릿에 가까운 색을 띠는 것인데 이곳 오징어가 그랬다. 정말 좋은 재료만을 고집하고 있음을 확인할 수 있었다.

배에서 얼린 선동, 육지에서 얼린 육동, 껍질 떼어내는 작업이 되어 있는 할복 등 다양한 오징어를 써보고 결정한 것이 이 국산 선동오징어였던 것이다.

튀김은 주문이 들어오면 그때그때 주인아저씨가 바로 만들어서 내주고 있었다. 물론 튀김기의 기름은 이른 아침 새로 간 깨끗한 기름이다.

튀김 만드는 과정이 단순하리만큼 정직했다. 대한민국 분식집 중 튀김 맛있기로 몇 손가락 안에 든다고 입소문 난 집이니 특별한 과정이 있을 거라는 예상은 가볍게 빗나갔다.

필자가 '의외'라며 놀라자 주인아저씨는 기본의 중요성을 다시금 일깨워줬다.

"음식은 바로 해야 맛있습니다. 튀김도 마찬가지입니다. 손님이 주문하면 얼음물과 튀김가루로 그때그때 바로 반죽해서 튀기려고 노력하고 있습니다. 그래야 맛이 좋으니까요. 튀김은 반죽이 상당히 중요하다고 생각합니다. 그것이 노하우인데 예를 들면, 튀김 옷 반죽이 위에는 되고 밑에는 지룩한데 김말이를 튀기게 되면 밑에가 질면 반죽이 조금 묻을 것 아닙니까. (김말이를 기름에 넣으면 무게 때문에 가라앉았다가 올라오게 되는데) 그런 원리로 기름 속에서 올라오면서 되지니까 반죽 위에는 날반죽이 있어도 되는 것입니다. 깨끗한 튀김, 좋은 재료, 바로 만든 반죽으로 튀기는 것이 가장 맛있습니다. 두 번 튀기면 음식 회전율이 빠를지 몰라도 아무래도 음식 맛이 떨어지니까 그때그때 튀겨냅니다. 튀김을 튀길 때 공기층을 만들기 위해 기름 위에서 흔들면서 튀겨내기도 합니다. 그렇게 하면 더 바

깨끗한 새 기름과 바로 만든 반죽. 반죽물은 군데군데 날 밀가루가 보인다. 다 섞는다고 오래 치대면 바삭이 아니라 질깃한 튀김이 되어버릴 것이다.

삭하고 맛있거든요. 오징어튀김도 많이 흔들어 가면서 튀겨냅니다. 최대한 튀김옷을 적게 입히고 반듯하게 튀겨내려고 하고 있습니다."

참고로 밀가루의 글루텐 성분은 물을 넣고 오래 치대면 응집력이 생겨 찰진 식감이 된다. 그러므로 바삭한 식감이 필요한 튀김은 반죽을 바로 만드는 것이 원칙이고 대부분 그것을 선호한다. 밀가루 반죽을 만들게 되면, 수분이 더해지면서 반응하는 글루텐 성분이 공기구멍을 만들어 내고 거품 모양의 형태를 이룬다.

오징어튀김을 주문했다. 하루 이틀 숙성시킨 오징어로 만든 튀김은 반듯하게 일자로 잘 튀겨낸 것이 튀김 내공이 상당하다는 것을 알 수 있었다.

반듯한 형태를 사진에 담고 싶어서 오징어튀김을 자르지 말아 달라고 요청했는데, 보통은 식감과 맛을 위해 튀김을 한입 크기로 잘라서 내준다. 똑같은 음식일지라도 어떻게 주고 어떻게 먹느냐에 따라 전혀 다른 감흥을 주는데, 튀김을 잘라서 주는 것도 이유가 있다.

기다란 오징어튀김을 앞니로 잘라 먹으면 치아에 닿는 단면이 적어 바삭한 식감을 제대로 느낄 수 없다. 하지만 한입 크기로 자른 오징어튀김을 입 안에 넣고 어금니로 씹으면 치아에 닿는 면적이 넓어 더 바삭하게 느껴진다.

사진은 다 찍었으니, 이제 제대로 먹고자 튀김을 한입 크기로 다시 잘랐다. 몸통 부분을 먹어보니 첫입에 튀김옷의 바삭함이 치아 끝에 전해졌고 튀김옷이 부수어지자 안에 숨어 있던 오징어의 부드러움이 느껴졌다. 이윽고 잘게 조각난 오징어들이 뭉치면서 쫄깃한 식감이 느껴졌는데, 씹을수록 오징어가 가진 감칠맛과 단 향이 올라왔다. 마치 **오징어를 구워 먹었을 때 느낄 수 있는 풍미**였다.

튀긴 오징어에서 왜 구운 오징어 맛이 날까? 이는 175도 고온 기름에서 튀겨내는 과정에 갈색으로 노릇하게 변하는 캐러멜화 반응과 마이야르 반응, 그리고 오징어 자체의 아미노산 등 단백질 열변성에 의한 풍미 때문이다. 그만큼 오징어 특유의 향과 맛을 간직한 신선한 재료라는 의미인데 국산 선동오징어를 사용하는 튀김집의 공통점이기도 했다. 일식 튀김으로 유명한 전투 떡볶이 오징어튀김에서도 같은 감흥을 느꼈으니깐 말이다.

오징어튀김이 간단한 것 같아도 튀겨내는 노하우가 필요하다. 오징어에 열을 가하면 속에 있던 수분이 나오는데, 이 수분을 적당히 날려야 하니 튀겨내는 시간이 상당히 중요하다. 튀김은 만드는 이에게는 수분과의 싸움이고 먹는 이에게는 시간과의 싸움이라고 말하기도 한다. 오징어다리튀김은 꼬독하고 쫄깃한 재료 특성에 맞게 좀 더 수분을 날리고 튀겨내어 바삭한 튀김옷과 오징어다리를 한 몸처럼 즐길 수 있었다. 이런 튀김은 간장에 찍어 먹는 것보다 그냥 먹을 것을 권하고 싶다.

새우튀김도 먹어 봤다. 튀김옷의 바삭함과 새우 살의 부드러움이 잘 어우러지는 튀김으로 금방 먹었을 때는 입안에서 녹는다는 느낌이 들 정도로 반죽 농도나 수분 날림이 적절했다. 튀김의 원리가 재료에서 수분이 나가면서 그 자리를 기름이 채우는 것임을 많은 분들이 안다. 수분이 나간 자리에는 기공이 포함된 막이 생기는데 이게 공기층이다. 즉, 바삭하게 잘 만들어진 튀김옷에는 기공이 있고 그 기공들이 형성된 튀김옷의 수분 함량에 의해 바삭한 식감이 결정된다.

초밥의 경우 샤리(밥)에 공기층이 살아 있고, 씹어 넘길 때 샤리와 네타(재료)가 따로 놀지 않고 한 몸처럼 넘어가야 제대로 잘 만들어졌다고 하는데 이곳 튀김이 그랬다. 공기층이 살아 있는 튀김옷과 부드러운 새우살의 조합이 아름답다는 생각까지 들었다.

튀김이라 하면, 단순히 튀겨진 밀가루 반죽이 가진 바삭함과 기름 맛으로 튀김을 먹는다고 생각할 수 있다. 속 재료에 어떤 일이 일어나는지 크게 관심도 없다. 기름에 풍덩 빠져 속 재료가 타닥타닥 튀겨지고 있겠지 싶지만, 실상 튀김옷 속 상황은 생각과 좀 다르다. 튀김 속 재료 자체는 열에너지와 물에너지로 수분 싸움이 벌어지는 **찜 요리와 흡사하게 조리**되기 때문이다. 이 새우요리가 그랬다. 뜨거운 새우튀김이나 김말이를 한입 베어 물면 왜 찜 요리와 흡사하다고 했는지 알 수 있다. 허-허- 입을 벌리면서 뜨거운 김을 내뿜을 수밖에 없다. 청담동에 살면서 몇 년 전부터 한 달에 두세 번씩은 꼭 찾아온다는 단골손님을 우연히 뵐 수 있었는데, 그분도 튀김에 대한 칭찬을 아끼지 않으실 정도다.

이곳에서 꼭 먹어봐야 할 튀김으로 오징어튀김, 새우튀김과 함께 고구마튀김을 손꼽고 싶다. 단맛이 적은 국물떡볶이와 맛의 궁합이 잘 맞

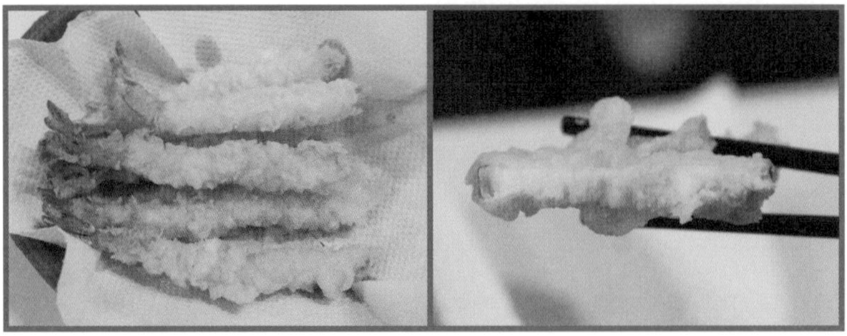

새우튀김과 고구마튀김. 튀김옷이 얇다.

기 때문이다. 두툼하고 큰 사이즈로 튀겨진 고구마튀김은 그냥 먹어도 좋지만, 단맛이 적은 떡볶이에 새 생명을 불어넣어 주기에 충분하다.

튀김이라는 요리는 자칫하면 먹는 행위 자체로 쉽게 피로해질 수 있는 음식이다. 치아와 입 안 점막에 전해지는 온열감 때문이다. 계속 먹고 싶은 마음이 생기려면 튀김옷은 묵직하지 않고 한과(유과)처럼 가볍고 경쾌하게 부서져야 한다. 그래야 자극에서 오는 피로감을 덜 수 있다. 이 튀김이 바로 그러하니, 필자는 이곳을 **분식집 튀김의 표본**이라고 말하고 싶다.

이곳은 우동도 잘하는 집으로 입소문 나서 손님들이 우동도 많이 찾는다. 특히 튀김우동은 1,000원 차이로 튀김을 몇 개 더 얹어주기 때문에 '혜자 우동'으로도 통한다.

이곳 우동은 국물 맛이 풍성해 따듯한 국물을 먹고 나면 미소가 지어진다. 분식집 우동을 넘어, 우동 전문점에서 볼 법한 맛이다.

좋은 맛의 비밀은 역시 좋은 재료에 있었다. 필자가 전국의 분식집을 16년 동안 다녀보면서 분식집에서 S사의 701 간장을 사용하는 집을 딱 한 번 봤다. 바로 이곳이다. 이 간장은 천연의 맛 성분이 많아 고급 간장으로 분류된다. 또한 용량에 따라 구분하여 유통되는데 이곳은 꼭 작은

용량의 간장만을 고집한다. 용기가 작으면 간장 한 통을 비울 때까지 상대적으로 공기 접촉을 줄일 수 있기 때문이다. 공기에 노출되어 산소와 결합하거나 온도가 높아지면 맛과 색이 변하는 간장의 특성까지 알고 재료를 쓰는 곳이었다.

가쓰오부시(가다랑어) 등 좋은 품질의 건어물로 육수를 내고 얼갈이배추, 대파 등을 따로 끓여낸 후 합치는 것이 노하우 중 하나라고 말해주시는 주인아주머니 이야기처럼, 모든 음식에 정성을 다하는 곳이다.

• 오늘의 영광은 주인 내외의 고운 성품에서 왔다

부창부수라고 할 만큼 이곳의 주인 내외는 서로가 한마음 한뜻으로 가게를 운영한다. 그런데도 부부는 장사가 잘되는 공을 서로에게 넘긴다.

주인아저씨의 말씀이다.

“저는 하루 종일 벽만 보고 튀김을 만드는데 집사람이 앞에서 손님들이 관리하고 다 하는데 워낙 착해요. 그리고 손님이 언제 오고 어떻게 왔는지 뭘 먹었는지 다 기억을 하고 대하니 장사를 참 잘하는 것 같아요."

주인아주머니도 남편에 대한 속마음을 조심스레 꺼내 보이셨다.

"대치동에 온 후 도곡동 단골손님들이 축하한다고 선물꾸러미를 가져오거나 반갑다며 진심으로 좋아해 주시더라고요. 저는 '도대체 도곡동에서 어떻게 장사를 했길래 손님들이 이토록 좋아할까?' 궁금했습니다. 남편은 일밖에 몰라요. 기본 태생이 성실하신 분이에요. 일이 중요한 사람이라 즐길 줄 모르고 삽니다. 그 모습이 안타까워요. 욕심은 있는데 욕심이 없는 사람이에요. 욕심이 많은 것 같은데 욕심을 부릴 줄 모르고 살고 있으니깐요. 어쨌든 어마어마하게 성실하신 분입니다. 그게 일할 때는 좋은데 어떨 때는 좀 답답하기도 해요. 다리도 수술하고 안 좋으신데 일밖에 모르니깐요. 저 같은 경우는 안 되는 사람은 고치려고 하지는 않아요. 어쨌든 그것을 받아주는 것이 제일 최고다, 라고 생각하고 제 성격이 그렇습니다. 남편의 성실함을 따르려면 체력이 좋아야 하는데 저도 체력은 좋습니다."

이곳을 취재하면서 들리는 공통적인 이야기가 있었다. 맛도 맛이지만 주인 내외가 모두 착하고 성실하다는 점이었다.

튀김아저씨 주인아저씨와 주인아주머니

마지막으로 박기준 주인아저씨는 소박한 꿈을 이야기해주셨다.

“저의 작은 소망은 프랜차이즈 같은 것을 해서 가게를 넓히는 것이 아니라 정말 외진 곳에서 작은 가게에서 혼자 하고 싶습니다. 객지 아저씨처럼, 손님이 들어오면 손님과 이야기하면서 그때 반죽을 하고 튀김을 만들고 싶습니다. 얼마 안 팔더라도 손님이 맛있어하는 모습에 즐거워하는 그런 장사를 하고 싶습니다. 제 생각이라에. 집사람이 허락해 줄지 모르겠지만 그게 제 꿈이라에.”

인터뷰를 마무리하면서 주인아저씨가 덧붙인 말이 기억에 남았다. 장인어른을 처음 뵙고 자신을 소개할 때 “내라는 사람이 잘 되어야만이 이 사회가 훨씬 더 발전할 수 있다”고 하셨다면서 그런 신념으로 앞으로도 열심히 살고 싶다 하셨다.

밤송이를 줍기 위해서는 먼저 밤나무에 감사 인사하듯 허리를 굽혀야 한다. 그렇듯 이곳 주인아저씨와 주인아주머니는 손님에게 감사한 마음으로 먼저 허리 굽혀 인사하고 있었다.

사람들에게 장미꽃을 나눠주면, 본인 손에 어느새 장미의 잔향이 남듯, 두 분의 음식에는 가족처럼 대하는 손님에 대한 공손한 마음이 담겨 있다.

영업시간 오전 10시 30분~오후 8시 30분

휴무일 일요일 휴무

주소 서울 강남구 삼성로 212 (대치동)

연락처 02-557-0814

이 집 어때요?

• 방송 보고 처음 왔습니다. 저는 주부 30년 차이다 보니 웬만한 음식은 다 만들 줄 압니다. 떡볶이, 튀김도 만드는데 여기 맛은 흉내 낼 수 없겠더라고요. 떡볶이 만들 때 늙은 호박, 미나리, 미역귀 넣는 것을 봤는데 그게 되게 힘든 일이에요. 뭐를 삶아서 국물을 내는데 요즘 떡볶이집을 가보면 고추장과 물엿을 엄청 넣고 다시다, 이게 다거든요. 그런데 여긴 그렇지 않더라고요.

– 김주연 씨(54세)

• 제가 제일 좋아하는 곳입니다. 근처에 사는 입맛 까다로운 친구가 추천해서 처음 오게 됐는데 역시 다르더군요. 저는 5년 전부터 왔는데 방송 전후 맛의 변화가 없고 똑같습니다. 특히 새우튀김은 50년 동안 먹어본 것 중에 최고입니다.

– 문유식 씨(58세)

• 도곡동 트럭 시절 자주 다녔습니다. 노점이지만, 항상 친절했고 청결에 힘쓰던 모습이 기억에 남습니다. 분식을 파는데 다른 곳과 달리 정성이 느껴졌고 진심이 느껴져 자주 갔습니다. 사는 곳이 근처라 우연히 은마상가에 들렀다가 주인아저씨가 계셔서 놀랐는데 여전히 친절하시고 맛이 좋아 원래 따로 가는 집이 있었지만 이 집만 오고 있습니다.

– 장민아 씨(49세)

10

돌아온떡볶이

이것은 한식인가 분식인가,
전라도 대표선수의 귀환

지금으로부터 30여 년 전, 전주 고사동에는 전설의 떡볶이라 불릴 만큼 꽤 유명한 떡볶이집이 있었다. 1987년 포장마차와 1988년부터 작은 가게에서 박갑주 주인아주머니 손끝에서 시작된 떡볶이는 전주 사람이라면 모르는 이가 없었다.

프리머스 영화관(구관) 후문 앞에서 '옴시롱 감시롱'이라는 상호를 가졌던 떡볶이집 주인아주머니는 어느 날 홀연히 사라졌다가 10여 년 만에 '돌아온떡볶이'로 다시 나타났다. 무림의 고수처럼 한층 업그레이드된 맛의 떡볶이를 가지고서.

지금이야 방송에 소개되어 맛의 비법이 알려지게 되었지만 옴시롱 감시롱, 까망국수, 돌아온떡볶이까지 수십 년 동안 꽤 많은 방송국에서 취재를 원했지만 매번 거절한 금단의 영역이었다. 역시 이번에도 모 방송국 취재를 거절했지만, 필자를 통해 방송에 나오는 것을 설득 소개될 수 있었다.

전주 전설의 떡볶이라 불리는 원조 옴시롱 감시롱 떡볶이를 처음 먹어본 것은 2008년 전후였다. 당시에는 물엿 맛이 강했지만, 그 단맛을 감싸주는 쌉싸래한 인삼 뿌리를 넣은 떡볶이에 신선한 충격을 받았었다.

떡볶이 맛에 대한 좋은 감흥이 있었기에 추후 몇 번 더 방문하기도 했지만 더 이상 인삼 뿌리를 넣지 않았고 주인도 바뀌어 발길을 끊었었다.

나중에 알게 되었는데 주인아주머니는 국수 매력에 빠져 떡볶이집을 다른 이에게 넘기고 까망국수를 차렸던 것이다.

• 홀연히 떠났다가 돌아온 전설의 무림 고수

돌아온떡볶이와의 재회는 원래 일정에 없었고 갑작스럽게 이루어졌다. 이른 아침에 이곳을 알고 있냐는 블로그 댓글을 보고 찾아간 것이다.

서울에서 고속버스를 타고 전주로 이동하다 보니 애매한 시간에 도착했다. 점심 식사 시간과 저녁 식사 시간 사이 휴식 시간에 걸려 손님 한두 팀쯤 있고 주인아주머니가 막 식사를 하려던 한가한 시간대였다.

가게 첫인상은 강렬했다. 주인아주머니 얼굴이 빨간 간판에 크게 내걸려 있었기 때문이다.

떡볶이를 한입 먹자 간판에 본인 얼굴을 내건 자신감에 고개가 끄덕여졌다. 단순히 과일 단맛이 있어서가 아니다. 우리가 알고 있는 고춧가루의 흔한 매운맛도 아니었다.

효소화된 숙성된 양념장 그리고 육수 맛이 대파, 양파와도 어우러지면서 유기산 성분의 화학적 반응이 더해져 묘한 매운맛과 깊은 감칠맛까지 느껴졌다. 처음 먹어 보는 떡볶이 맛이다.

떡볶이 한두 개를 더 먹어 보고 무심결에 "떡볶이에서 효소화된 양념장 맛이 느껴진다"고 말을 내뱉었다. 10여 년 만에 다시 먹어본 이 떡볶이에 대한 나의 첫 느낌이었다.

비빔소바로 늦은 점심 식사를 시작했던 주인아주머니는 손님에게 그런 말을 들은 것이 처음이었는지 "그걸 잡아내네." 하시며 식사를 멈추었다. 그러고는 **두세 달 발효 숙성시킨 양념장**을 보여주고 맛보게 하면서 "감식초 맛이 나죠? 지금은 옴시롱 감시롱 때처럼 만들면 안 돼요! 시대가 바뀌었잖아요. 건강한 음식을 만들어야 해요!"라고 말씀하셨다.

얼떨결에 내뱉은 말 한마디로 '전설'이라 불리는 전주 떡볶이 비밀이 우연히도, 쉽게 풀리게 된 것이다.

한 달에 한 번, 떡볶이 양념장 만든다는 휴무일에 방송국 제작팀과 함께 방문한 적이 있다. 방송 연출부 피디님은 부산 출신. 전주 떡볶이에

대해 잘 모르는 눈치였고 노포답지 않은 가게 겉모습에 탐탁지 않은 것이 눈에 보였다. 하지만 주인장 포스와 떡볶이 양념장을 만드는 모습에 곧 얼굴에 긴장감이 감돌고 눈빛이 달라졌다.

음식 프로그램 연출부 팀장님이었던 피디님은 "우 사골을 이렇게 떡볶이에 많이 넣는 것은 처음 본다."라며 놀라고 그 외 들어가는 **20여 가지 천연 재료**가 들어가는 엄청난 스케일에 또 한번 놀라면서 사전 인터뷰하는 것을 지켜볼 수 있었다.

• 믿을 수 없는 재료, 상상 밖의 조리법

책 원고를 쓰기 시작하며 떡볶이집을 다시 방문했을 때, 이렇게까지 좋은 재료들을 많이 사용하는 이유가 궁금해 물어봤다. 고민도 없이 이야기해 준 주인아주머니 대답은 의외였다.

나주평야의 신동진 쌀, 금산 6년근 홍삼, 전주비빔밥, 황태포 육수의 좋은 점만 줄줄이 나오는 것이 아닌가? 떡볶이 경험이 많은 필자도 당시에는 그 뜻을 바로 이해하지 못했다. 아니 이렇게까지 비싼 재료 수십 가지를 다 넣을 필요가 있나? 오히려 의구심만 더해졌다.

그러다 주인아주머니의 이어진 한마디가 필자에게 큰 충격으로 다가왔다. 쉬는 날에는 가게 앞에 있는 전라북도 교육문화회관 도서관에 가서 한식 공부를 하고 있다는 것이다. 대한민국 떡볶이 업주들이 단순히 떡볶이 맛에 고민하고 있을 때 이곳 주인장은 전주비빔밥처럼, **떡볶이의 한식화**를 연구하고 있었기 때문이다.

"떡볶이는 육수가 꼭! 있어야 해요. 옛날부터 우리 전주 사람은 비빔밥을 하면 육수를 사용해 왔습니다. 사골을 곤 것을 밥물로 사용해 밥을 지으면 고슬고슬하고 윤기가 있으면서 고소하고 맛있습니다. 이것이 전주비빔밥 특징인데 우리 어머니에게 이런 음식을 배웠어요. 떡볶이를 연구하면서 얻은 결론이 사골 육수와 황태포 육수였습니다."

《시의전서是議全書》에 골동반이라고 기록된 비빔밥이 유독 전주에서 유명해진 이유가 있다. 김제 평야와 부안의 바다를 지척에 두고 있는 천혜의 지리적 조건 덕분에 지금의 전주비빔밥이 최고의 음식으로 만들어질 수 있었다.

이렇듯 박갑주 주인아주머니는 발효와 숙성으로 맛을 좋게 하는 한식의 원리를 떡볶이에 접목하고 있던 것이다. 떡볶이 세계화를 외치면서 대부분의 사람들이 서양 음식 재료로 퓨전화된 떡볶이를 만들고 있을 때 혼자서 '신토불이' 떡볶이의 한식화 외길을 걷고 있었다.

주인장의 이런 깊은 뜻을 알게 되니 떡볶이에 우 사골과 황태포를 이용하고 잡맛을 없애주는 홍삼도 사용하는 것이 납득되었다. 물론, "손님 대부분이 뭘 넣는지도 잘 모르는데 이렇게까지 해야 하느냐"는 현실적인 주인아주머니 따님의 의견도 이해되었지만, 대한민국 최고의 떡볶이를 만들겠다는 주인아주머니 뜻에 깊은 감동을 넘어 전율을 느낄 수밖에 없었다.

박갑주 주인아주머니는 떡볶이 만들 때 원칙이 있었다. 먼저 매일 오전 6시에 가게에 나와 육수를 준비한다. 그리고 숙성 양념장과 고추장, 고춧가루, 어묵 국물에 대파 열 개, 양파 여덟 개 항상 균일한 양을 넣고 떡볶이 한 판을 만든다. 흔히 사용하는 마른 멸치조차 햇볕에 열흘간 다시 말려야 하는 등 본인만의 규칙이 있다. 이 모든 것은 남의 손을 거치면 맛이 변한다는 소신에 직접 해내고 있었다.

최상급으로 알려진 영암 황토 고구마로 설탕 사용량을 줄이고 점도를 이끌어 내는 등 고구마를 사용하는 이유도 분명했다. 단순히 우리는

떡볶이에 고구마가 들어 있다고 좋아하지만, 고구마 넣은 이유를 알게 되면 그 맛에 대한 감흥은 두 배가 된다.

돌아온떡볶이의 단맛은 단순당(설탕, 과일, 꿀, 백미 등)과 복합당(고구마 등 단당류가 결합된 탄수화물)이 혼합된 단맛이다. 소화흡수가 느려 혈당 상승곡선이 느린 특징이 있는 복합당은 세포를 살려내는 당이라고도 불린다. 단순당과 복합당이 만나 맛의 상승작용으로 단맛이 강하게 느껴지기도 하지만, 먹는 양을 절제한다면 더 건강하게 단맛의 쾌락을 즐길 수 있다. 이러한 과학적인 원리까지 알고 있던 박갑주 주인아주머니가 귀띔해 준 말이다.

대추 등 수십 가지 천연 재료를 사용해도 최소한의 물엿과 설탕이 들어가야 맛의 호환이 이루어져 맛이 좋다고. 적절한 새로움은 즐거움을 주지만, 적절한 익숙함은 감동까지 준다고….

이곳 떡볶이는 양념장만 해도 고춧가루, 고추장, 다진 양념장을 기본으로 한 20여 가지 넘는 재료가 들어간다. 과일도 홍시를 비롯한 여러 과일을 사용한다. 재료 한 가지로는 원하는 맛을 낼 수 없다는 주인아주머니 소신 때문이다.

이렇게 꽤 많은 재료가 들어가는 떡볶이다 보니 떡볶이 판에서 20분 이상 끓이고 보온밥통으로 옮긴 후 20~30분 이상 **온**溫 **숙성**이 이루어져야 맛이 안정되고 최상의 맛이 표현될 수 있다.

당연한 이야기지만, 맛의 항상성이 생기는 타이밍에 먹어야 최고의 맛을 느낄 수 있다. 온 숙성이 이루어진 떡볶이는 비빔밥처럼 여러 맛이 어우러져 깊은 맛이 나는데 이때 떡볶이 맛은 정점을 찍는다. 가벼운 느낌의 요즘 떡볶이와 사뭇 다르다.

판에서 1차로 끓인 후 보온밥통에 옮겨 숙성 중인 떡볶이

사실 아무리 좋은 재료를 사용한다 해도 이를 이루는 성분들은 어쩔 수 없이 입 안 미뢰보다 분자 크기가 크기 때문에 맛을 제대로 느낄 수 없다. 조리 과정을 통해 끓이거나 발효 과정을 통해 분자(원자)구조를 변형하거나 작게 분리해야만 맛이 느껴진다. 이런 과학적인 원리로 많은 재료가 들어간 이 떡볶이는 단순히 끓이기만 해서는 제대로 된 음식 맛이 나올 수 없다. 온 숙성을 통해 단맛, 짠맛, 신맛(쓴맛), 감칠맛 이런

맛 성분들이 혼합되어 전체적인 맛이 깊어지고 좋아지는 맛의 상승효과가 늦게 일어나기 때문에 기다림의 미학, 느리게 걷는 떡볶이라 말할 수 있다.

참고로 효소화된 숙성 양념장은 100도 이상에서 끓이면 천연 단백질의 분자구조가 풀리거나 새로운 응집체가 생겨나는 등의 변화 때문에 맛이 몇 배로 증폭되어 풍성하게 느낄 수 있다. 효소 활성 기능은 상실하지만 말이다.

• 좋은 재료와 정성은 맛을 배신하지 않는다

떡볶이를 다시 먹어 봤다. 입 안에서 따듯한 온기와 함께 산미를 품은 매콤함이 느껴진다. 탄산을 가진 것처럼 톡 쏘는 매운맛이다. 여느 매운맛 떡볶이와는 전혀 다른 느낌이었다.

매운맛에 입 안이 얼얼할 때 묵직한 달콤함도 다가왔다. 홍시 등 과일이 더해진 단맛이다. 매콤함과 달콤함이 입 안에서 경쟁을 할 때 숨어 있던 구수한 감칠맛도 뒤늦게 느껴졌다. 여러 감칠맛이 떡볶이 안에 숨어 있는 느낌이었다. 여러 맛이 느껴지는 떡볶이 양념은 농축되어 끈적임이 눈에 보일 정도로 점성도 강했다.

점성이 강한 소스는 고구마와도 잘 어울린다. 한입에 먹었을 때는 몰랐는데 수저를 이용해 고구마 껍질과 속살 부위를 함께 잘라내어 떡볶이 국물과 먹으면, 군고구마 먹을 때와 유사한 달콤한 향까지 느껴졌다. 고구마도 함께 먹을 수 있다는 게 이곳 떡볶이가 가진 또 다른 매력이다. 참고로 한여름에 고구마를 넣으면, 떡볶이가 텁텁해질 수 있어 한시적으로 넣지 않는다고 한다. 저장되어 보관 중인 고구마가 수분이 손실되

떡볶이 먹는 기쁨을 더해주는 노오란 고구마

는 시기까지 판단하고 떡볶이를 만들고 있었다. (여름에 쉽게 상할 수 있는 한우 사골도 재료 특성을 이해해 넣는 양을 가감하고 있었다)

떡볶이를 입 안에 넣고 치아를 움직이자 쌀떡의 존재감이 느껴졌다. 수분 함량이 많지 않은 가래떡이다. 씹는 박자에 맞추어 분쇄되는 쌀떡의 식감과 맛이 특별했다.

좋아하는 사람이 처음에는 무관심으로 일관하다가, 노력과 정성을 들인 끝에 마음을 열어준, 마치 그런 느낌이었다. 이곳 떡볶이 떡은 천천히 여러 번 씹어야 떡 맛을 느낄 수 있다. 꽤 쫀쫀하고 찰진 식감을 가졌기 때문에 여러 번 씹어야 한다.

이처럼 오랜 노력을 기울이고서야 작게 조각난 쌀떡은 고소함이 남달랐다. 씹을수록 고소했다. 간이 된 가래떡은 그냥 먹어도 맛있지만, 양념까지 배어 있으니 맛이 없을 수가 없다. 먹을수록 끌리고 먹을수록 맛있는 떡볶이다.

그런데 우리가 알고 있던 가래떡과는 뭔가가 달랐다. 보통의 가래떡은 몇 시간 지나면 굳기 시작하는데 이는 쌀떡에 포함된 탄수화물 등의 성분이 부분적으로 결정화(노화)되는 것으로 자연스러운 현상이다. 이와 같은 노화 현상을 늦추기 위해 (변성 전분의 물 지속능력이 상승되거나 유지되는) 옥수수 전분 및 아밀라아제를 포함하는 경화반응저해제(인공첨가물)를 사용하거나 수분 함유량을 늘려 사용하는 곳이 많다. 하지만 이러한 행위들은 떡이 굳는 시간을 지연시키고 좀 더 저렴한 단가로 쓰기 위함이지 맛을 위한 것은 아니다.

우리들은 평소 부드러운 식감에 익숙해져 있다. 치아의 한두 번 움직임에 원하는 맛이 나타나길 기대한다. 그렇지만 이 떡볶이는 한두 번 씹어서는 맛이 잘 느껴지지 않았다. 이 떡볶이의 매력은 숨바꼭질하듯 숨겨져 있는 것이다.

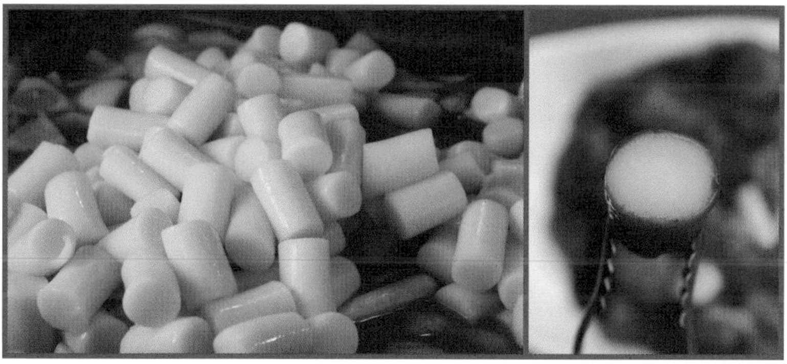

부드러운 식감에 익숙해져만 가는 2020년 오늘날에 이런 재래식 가래떡 떡볶이가 있는 것이 반가웠다. 그래서인지 20대 어린 친구들뿐만 아니라 어르신들도 자주 찾고 떡에 대한 칭찬도 빼놓지 않는다. 떡 맛이 좋다는 어르신 손님의 칭찬에 주인아주머니는 이런 말씀을 하셨다.

"1960년 초 가난했던 어린 시절, 6살 정도의 나이였을 때 이모가 부잣집으로 시집갔었습니다. 시집간 집이 목욕탕도 있는 일본식 가옥이었어요. 그곳에 엄마와 함께 찾아간 적이 있었습니다. 떡가래를 만들 수 있는 기계도 있어 이모가 반가운 마음에 약지 손가락 굵기의 가래떡 다섯 개 정도를 제 작은 손에 꼭 쥐여 줬습니다. 몇 개 안 되는 얇은 가래떡을 집으로 돌아오는 도중에 다 먹었고. 더 먹고 싶은 마음에 엄마에게 보채면서 울었어요. 우는 제 모습을 본 어머니도 함께 울었습니다. 어린 마음에 그것이 상처가 되었고 한이 되어 지금까지도 옛날식 가래떡을 고집하고 있습니다."

이런 사연 때문에 이 집은 아직도 재래식으로 뽑아낸 가래떡을 사용하고 있다.

부드럽고 구수한 향이 넘치는 어묵 국물도 우리가 흔히 접하는 어묵 국물과 많이 달랐다. 배, 대파 등의 과일과 채소가 들어가고 황태채(황태살), 멸치, 밴댕이, 돌다시마 등이 들어가기 때문이다. 어묵 육수도 많은 재료와 정성이 들어가서일까? 향긋하기까지 하다. 매콤한 떡볶이와 함께 먹기 딱이다. 밥 생각이 날 정도로 좋았다.

원고를 쓰기 위해 몇 차례 방문했는데 마지막 방문했을 때는 떡볶이뿐만 아니라 어묵 국물도 구수해지고 맛도 더 좋아졌다. 알고 봤더니 떡볶이에는 무화과청도 더해 만들고 어묵 국물에 둥굴레까지 넣어 만들기 때문이었다.

분식집 어묵 국물에 배, 황태채뿐만 아니라 둥굴레라니… 이곳은 보통의 떡볶이집과 차원이 달랐다.

우연히 포장마차 시절부터 이곳 주인아주머니의 음식을 먹고 자랐다고 하는 55세의 송재혁 씨도 만날 수 있었다.

"제가 35년 단골손님입니다. 이분은 묵묵히 노력하고 실험도 하는 스타일입니다. 제가 솔직하게 이야기하는데요. 포장마차에서 전 부칠 때 김치도 푸짐하게 넣어 재료를 아낌없이 넣는다는 것은 알고 있었지만, 옴시롱 감시롱 시절 떡볶이에 인삼 뿌리를 넣는 것을 보고선, '이분이 드

돌아온떡볶이에서 사용하는 음식 재료. 분식집에서 쓸 거라고는 상상할 수 없는 최상급 재료다.

디어 미쳤구나. 미치지 않고서야 떡볶이에 인삼을 넣을 수가 있다니'라고 생각했던 사람입니다. 이제는 떡볶이에 홍삼, 홍시까지 넣어 만드는 것을 보면, 계속해서 떡볶이 연구를 한다는 게 눈에 보입니다. 잘 아시겠지만, 요즘 떡볶이는 다들 흉내만 내잖아요. 레시피가 있어서 설탕 몇 숟가락, 고추장, 고춧가루 몇 숟가락 이런 식으로요. 그런데 이분은 끊임없는 노력을 한다는 말이에요. 다른 사람들을 폄하하는 것은 아니지만, 그동안 노력하는 것을 옆에서 지켜본 사람으로서 경의를 표하고 '내가 이 사람처럼 살아야겠다'는 생각을 만들게 해 주는 사람이에요."

그리고 오랜 단골손님으로서 이곳에 대한 진정 어린 마음도 내비쳤다.

"저는 오랜 단골손님이다 보니 이런 말도 해줍니다. 더 이상 메밀국수나 칼국수 같은 음식을 만들지 마시라고요. 사실 들어가는 재료들을 보면, 떡볶이 4,000원 메밀소바·칼국수 6,000원 받으면 안 되거든요. 이건 남들에게 봉사하는 마음으로 만든 음식이에요. 진짜 남는 것도 없을 거예요. 대단한 분입니다."

35년 단골손님의 말로 입증되듯, 돌아온떡볶이 주인아주머니는 끊임없이 공부하고 늘 새로운 것을 시도한다.

책 출간 준비를 위해 방문했던, 2019년 8월 14일 전날은 이곳의 정기 휴무일. 청을 만들려고 직접 고창을 방문해 복분자를 몇백만 원어치 사들이고 떡볶이 다진 양념장에 넣으려고 무화과 100만 원어치를 사 오는 행위 등은 결코 평범하게 보이지 않았다.

2018년에는 홍시를 1,000만 원어치나 샀다고 하니 보통 사람이라면, 감히 엄두도 내지 못할 것이다. 이곳 주인장은 떡볶이 만들어 번 돈을 떡볶이 재료로 다시 투자하는 분이었다.

이렇게 떡볶이를 위해 원리 원칙을 지키고 있지만, 마음이 약하고 정도 많으신 분이다. 어머니에게 나눔을 배웠다는 주인아주머니는 손님들에게 서비스로 정도 많이 베푼다.

옴시롱 감시롱 시절부터 단골이었다는 '맛있는 탐구생활' 동호회 한 분은 과거 프리머스 직원이었다고 한다. 영화관에 근무했을 당시 마감 때면 항상 떡볶이와 순대를 먹으라고 가져다 주셔서 그 고마웠던 기억이 아직도 남아 있다고 했다.

동호회의 다른 한 분도 옛 기억을 들려주었다. 첫 손님은 반드시 떡볶이 2인분 이상만 팔았는데 학생이었던 그때는 그렇게 서운했었는데 까망국수에서 음식 만드실 때 가서 이야기하면서 오해도 풀고 더 좋아하는 곳이 되었다고 말해주기도 했다.

이렇게 본인만의 원칙은 반드시 지키면서 주위에 인정을 베풀 줄 아는 주인아주머니의 단호함과 다정함을 동시에 느낄 수 있는 증언이었다.

이런 주인아주머니에게는 떡볶이에 미칠 수밖에 없었던 사연도 있었다.

"우리 오빠가 돌아가셔서 오늘 땅에 묻었다면, 내일 어머니가 돌아가셨습니다. 줄초상이 나서 떡볶이가 없었으면, 저는 정말 미쳤을 것이에요. 당시 아픈 슬픔을 떡볶이로 이겨 내려고 미친 듯이 떡볶이를 만들고 또 만들었습니다. 떡볶이가 없었다면 제 삶이 정말 힘들었을 것이에요."라고 말하면서 "이 떡볶이에는 삶의 아픔이 숨겨져 있다"고 눈물을 보이셨다.

• 넉넉한 마음을 음식에 담아

"도라지보다 더덕이 좋고. 더덕보다는 인삼이 좋고. 인삼보다는 홍삼이 좋습니다."라고 하시는 주인아주머니는 좋은 재료에 대한 소신으로 최고의 재료만을 고집하고 있다.

그래서일까? 떡볶이집임에도 다른 음식 맛이 예사롭지 않다. 튀김 반죽에 부드러운 우유와 고소한 콩가루를 넣어 만든 수제튀김은 건오징어튀김, 대하튀김, 고추튀김, 김말이가 손꼽힌다.

황태 육수에 사골 육수를 더한 칼국수, 집 고추장과 강원도 산더덕에 배까지 넣은 열두 가지 재료의 비빔밥도 맛이 예사롭지 않고 좋았는데 특히 메밀소바(메밀국수)는 어느 소바 전문점 못지않게 맛이 뛰어났다.

금산에서 재배한 6년근 홍삼 진액, 황태포, 대추, 더덕, 밴댕이, 크기가 다른 마른 멸치, 보리새우, 돌다시마, 표고버섯, 양파, 대파, 배 열 개에서 열다섯 개, 사과 스무 개 등 스무 가지 넘는 재료를 3시간 정도 끓이고 어떤 과정을 거쳐 다음 날 하루 숙성시키는 작업도 들어가기 때문에 총 3일의 기다림이 있어야만 메밀 육수를 맛볼 수 있다.

이 메밀 육수는 무즙이 들어가지 않는 점도 특이했다. 음식 궁합 면에서 찬 성질의 메밀면을 보완해 줄 따듯한 성질을 가진 홍삼, 황태, 대추, 사과 등을 사용했기 때문이다.

그래서일까? 보약 먹는 느낌이 들 정도로 범상치 않았던 이곳 메밀소바를 먹기 위해 다른 지역에서 찾아오는 손님이 있을 정도다.

“저희 어머님은 생전에 보시布施를 많이 하셨습니다. 남들에게 많이 베풀다 가시는 걸 봤기 때문에 저도 그 길을 따라가고 있을 뿐입니다. 그래야만, 언젠가는 부처님 만나고 하늘나라에 있는 어머니도 만날 수 있지 않겠습니까? 저의 마지막 길은 팥이라 생각하고 있습니다. 사주팔자가 그렇다고 하더라고요. 사주팔자의 뿌린다는 의미를 생각해보니 좋은 음식을 많은 분께 보답하는 것이고 이것을 자식에게 이어주고 싶은 마지막 바람도 있습니다."

이렇게 말씀하시는 주인아주머니는 우리와 생각이 다른 분이셨다. 떡볶이를 만들어 번 돈으로 직원 월급 주고 남은 돈은 모두 재료를 사 버리는 행동 자체도 평범하지 않았기 때문이다.

'남의 손 거치지 않고 직접 음식을 만들어야 한다'는 철칙이 있는 주인할머니는 손님 말에 귀를 기울여 맛을 개선하려는 노력도 하고 있다. 더 나은 튀김 맛을 위해 튀김 반죽에 우유를 넣기 시작했고 튀김 재료도 영업시간 전에 직접 만들어 준비한다.

떡볶이도 예전과 같이 고구마를 넣기 시작한 것처럼. 남들과 똑같으면 성공하지 못한다는 신념을 가지고 최고의 떡볶이를 만들기 위해 오늘도 가게 문은 새벽 6시부터 활짝 열려 있다.

1950년생이신 최근호 주인할아버지의 든든한 지원 속에 오늘도 67세 박갑주 주인아주머니는 방송에 나오는 떡볶이집 재료를 노트에 적으면서 배우고 도서관에서 한식 책을 통해 공부하면서 떡볶이를 만들고 있다. 하늘나라에 계신 어머님에게 부끄럽지 않은 가래떡 떡볶이를 만들기 위해서.

• 변하는 세상에 변하지 않는 맛을 위하여

동네 어귀, 학교 건너편에 자리를 지키던 떡볶이집도 벌써 추억이 되어간다. 오죽하면 동네 분식집을 소개할 때는 '추억의 맛'이라는 수식어가 꼭 따를까. 주인장 손맛에 따라 다른 개성을 자랑했던 떡볶이집은 어느새 프랜차이즈 '지점'으로 얼굴을 바꾸었다. 얼굴만 바뀌면 좋으련만 지점이 늘어나는 만큼 떡볶이도 점차 인스턴트식품처럼 바뀌어 맛은 평준화되고 개성은 잃었다. 산업화, 체인화된 떡볶이의 어쩔 수 없는 운명일 테지만, 우리가 주목해야 할 점은 '인스턴트화'가 떡볶이 맛 향상에 도움이 되진 않는다는 사실이다. 평균을 벗어나지 않으면서도 관리가 쉽고 대량으로 만들기 편한 방법을 찾았을 뿐이다.

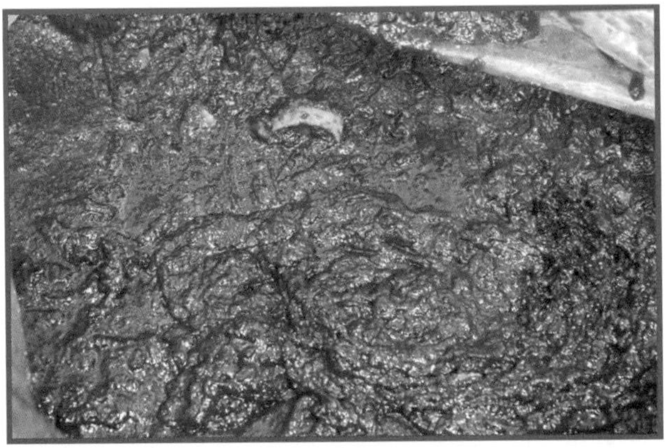

돌아온떡볶이의 숙성 양념장. 맛을 일정하게 유지하기 어렵고 금방 변질될 수 있어서 내공 없이는 절대 사용할 수 없는 양념장이다. 맛이 없어서가 아니라 관리가 까다로워 대부분의 떡볶이집이 멀리 한다.

"원래 떡볶이 양념장은 고춧가루로 만드는 거라면서요?"

이런 오해도 같은 맥락에서 비롯되었다고 생각한다. 떡볶이는 맛의 스펙트럼이 넓은 만큼 주재료의 스펙트럼 역시 의외로 넓다. 고추장, 고춧가루, 숙성 양념장, 춘장, 간장 등 상황에 따라 다양하게 적용 가능하다. 하지만 그중 **발효로 만들어지는 고추장이나 숙성 양념장은 관리가 까다로워서 맛의 항상성을 유지하면서 유통하기 어렵다. 대량화를 이루어 내기도 힘들다.** 그래서 이런 방식을 멀리하고 있는 것이다.

필자는 '공장표 소스와 떡으로 만들어진 떡볶이'와 '몇십 년 노하우가 집약된 재료로 만들어진 떡볶이'를, 세대 차이를 운운하면서 비교한다는 것 자체가 말이 안 된다고 생각한다.

대량으로 납품 받아 만드는 떡볶이는 업체 간 경쟁에서 우위를 차지하기 위해 자극적인 맛을 낼 수밖에 없다. 자극적인 양념 맛으로 뇌를 홀리는 것은 진정한 떡볶이가 아님을 알아주었으면 한다. 진정한 떡볶이는 기본적으로 **떡 맛**이 좋아야 하고 양념과도 잘 어우러져야 하기 때문이다.

떡볶이가 산업화되면서 떡볶이 체인점이 우후죽순 생겨나고, 자주 접할 수 있기 때문인지 그 맛을 표준으로 여기는 사람도 많다. 모두가 그런 건 아니지만 그중에는 자신의 음식에 대한 자부심보다는 단지 돈을 벌기 위한 수단으로 떡볶이를 만드는 사람들이 끼어 있다. 자본주의 사회에서 당연한 현상이니 비난할 일은 아니다.

하지만 떡볶이집을 찾아다니며, 열심히 사시는 주인장들을 볼 때면 새삼 느끼는 게 있다. 행복은 삶의 '과정'에서 찾아야지 삶의 최종목표로 삼으면 안 된다는 사실 말이다. 고진감래苦盡甘來라고는 하지만, 가는 길이 행복하지 않다면 끝에 아무리 달콤한 보상이 있다 한들 그것이 정말 행복한 삶이었다고 말할 수 있을까? 내가 좋아하는 일을 하며 소소하게나마 그 안에서 즐거움을 느끼는 사람이 더 행복한 삶을 살았다고 생각한다. '많이 팔아 많이 벌어야지'라는 생각에 매이지 않고, 오랜 세월 떡볶이를 만들면서 그 자체로 행복함을 느끼는 여러 주인장들을 보며 깨달은 바다.

필자의 행복은 무엇일까도 생각해 봤다. 여러 떡볶이를 먹어 보고 그중 맛있는 떡볶이를 찾아내고 그것을 여러 사람에게 소개하는 것이 행복한 일이다. 이 책에 이런 필자의 마음을 꾹꾹 눌러 담았다.

음식을 만드는 행복과는 별개로, 물도 갈증에 첫 모금보다 나을 수 없고 음식 또한 어떤 이유에서든 변수가 존재할 수 있다. 음식 맛은 항상

돌아온떡볶이 주인아주머니

변한다. 하지만 최상의 음식 맛을 위해 몇 십 년 동안 변치 않는 소신을 지키고 있는 이곳 주인아주머니를 보니 존경심이 생긴다. 급변하는 세상 속에 맛의 기준점을 찾기란 어렵지만, 이 책에 담긴 떡볶이집들처럼 세상과 타협하지 않고 소신을 지키는 음식들이 주류가 되어 맛의 스펙트럼이 넓은 떡볶이 세계에서 하나의 기준점이 되었으면 좋겠다.

영업시간 오전 6시 30분~(아침식사)

오전 9시 30분(떡볶이주문 가능시간)~오후 9시 30분

브레이크 오후 3시~4시 20분

휴무일 화요일

매월 첫째 주 월요일(떡볶이 양념장 만드는 날)

주소 전북 전주시 덕진구 안덕원로 53 (진북동)

연락처 063-277-2929

이 집 어때요?

• 다른 곳에서는 떡볶이를 안 먹지만, 이곳 떡볶이는 먹습니다. 인공적인 맛이 아니거든요. 자연적인 재료를 사용해서 담백하고 구수하고 맛이 깔끔합니다.

– 소규섭 씨(60대 후반)

• 고등학생 때 다른 지역에서 전주로 이사 왔습니다. 학생 때는 떡볶이를 좋아하잖아요. 떡볶이 먹으러 가자 하고 애들이 데려간 곳이 객사 자리였을 때의 이곳이었습니다. 떡볶이가 너무 맛있다 보니 자주 오게 되었는데요. 제 개인적으로 여기 떡볶이 맛이 기준이 되다 보니, 다른 곳 떡볶이를 먹어도 이곳 맛하고 비교하게 되는 것 같아요.

– 이보라 씨(41세)

• 평소 떡볶이를 좋아해서 서울에 있는 웬만한 떡볶이는 다 먹어 봤습니다. 이 떡볶이는 특이하게 감 맛이 나요. 맛도 기본으로 훌륭하고 식사하는 느낌이었습니다. 떡볶이라 하면 달고 맵고, 이런 떠오르는 맛이 있는데 그런 맛이 아니어서 좋았습니다. 이곳은 떡볶이 소스에 공을 들인 것 같아요.

– 김진희 씨(37세)

• 프리머스 영화관 객사 그 자리에서의 추억이 세요. 이 떡볶이는 우리가 알고 있는 떡볶이 맛이 아니에요. 다른 차원의 떡볶이 같아요. 저는 특히 떡을 좋아하는데 이곳 떡이 정말 맛있어요. 고구마도 예전과 똑같은 맛이에요.

– 박진영 씨(30대 초반)

11

간판 없는 떡볶이집

남해여행의 위시리스트, 찐찐찐 현지인 맛집

행동경제학자들은 인간이 감정, 유행, 문화 속에서 제한적인 정보에 의존해 직관적 판단을 한다는 점을 밝혔다.

생각해 보면 방송이나 SNS 등 각종 매체에 노출된 곳이면 금방 '맛집'이라고 판단한 적이 많지 않은가? 단편적으로 보이는 정보 앞에 대리만족하며, 소위 '인싸'들 사이에 '핫하다'고 소문난 음식점에 직접 찾아가 경험해보면서 시류에 편승했다는 안도감까지 느낀다. (정말 맛이 있었는지 없었는지는 별개의 문제다) 이러한 과정은 죽음의 본능을 극복하는, 생의 본능 중 하나라고도 할 수 있다.

이런 일련의 과정을 통해 자신의 진정한 맛집을 찾았다면 참 좋겠지만 안타깝게도 그렇지 못한 경우가 종종 있다. 사람마다 음식 취향은 제각각이라 만인을 만족시키는 '모두의 맛집'은 없고 그것을 나쁘다 할 수 없다. 우리는 방송, 인스타그램, 블로그, 유튜브 등에서 쏟아지는 맛집 홍수 시대에 살고 있기 때문이다. '줄까지 서서 먹으니 여긴 분명 맛집이지'라는 수동적 태도보다는 내 입에 맞지 않을 수 있다는 열린 마음과 그 음식이 어떤 맛을 가졌는지 천천히 음미하며 판단하는 능동적인 사고가 필요하다.

개인적으로는 방송이나 인터넷 핫 플레이스로 정보 과소비가 이루어지는 맛집을 쫓는 것보다는, 다양한 식경험을 통해 숨은 맛집을 발굴하는 게 더 큰 만족감과 쾌감을 느낄 수 있는 방법이라고 생각한다.

서론이 길었던 것은 예상치 못한 곳에서 '찐맛집'을 발견했을 때 느낀 만족감과 희열을 모두가 경험해 봤으면 하는 마음에서다. 필자는 지역을 가리지 않고 떡볶이집을 찾아다니는데 '이런 곳에 이런 맛이?'라며 놀랐던 숨은 떡볶이 맛집이 바로 남해에 있었다.

이곳은 우연히 2017년도에 알게 되어 2018년도에 처음 찾아간 곳이었는데 조미된 맛이 싫어 튀김가루도 사용하지 않는, 주인장의 음식에 대한 철학과 천연 조미료만을 사용한 떡볶이 맛에 감동받았었다.

사실 필자의 떡볶이 인생 16년 동안 직접 발굴한 떡볶이집이 이곳만은 아니다. 〈응답하라 1988〉 촬영지인 해미 '얄개분식'도 직접 찾아내어 드라마 섭외부장님을 대신해 섭외하여 드라마에 나올 수 있게 했고 종로 '한 판 떡볶이', 해운대 '빨간떡볶이' 등 다수의 분식집을 찾아내고 피디님 부탁으로 대신 방송에 섭외해서 유명세를 치르게 했다. 하지만 그중 단연 첫손가락으로 꼽을 수 있는 숨은 맛집은 바로 이곳이다.

• 편견을 가볍게 부수는 맛

이 분식집은 경상남도 남해군 남해읍 식자재 도매유통 앞에 있다. 50세 이미선 주인아주머니가 1998년부터 시작한 24년 전통 떡볶이집이다. 간판은 없지만 오픈한 지 얼마 되지 않아 정식으로 영업신고와 영업허가를 받고 떡볶이를 만들어 왔다.

지금은 코로나 19 때문에 마스크 착용이 필수가 되었지만 이곳 주인아주머니는 그보다 훨씬 전부터 위생을 위해 앞치마에 위생모뿐만 아니라 투명 마스크도 착용하고 음식을 만들고 있었다. 파리 한 마리조차 가게에 들어오는 것을 싫어하시는 성격 탓에 방역 업체까지 쓰는 것도 인상적이었다.

3년 전, 첫 방문 당시 떡볶이 양념장에 넣을 육수를 끓이는 것을 우연히 볼 수 있었다. 북어머리, 대추, 표고버섯, 마늘, 양파, 홍고추 등 재료를 넣고 끓이다가 열원을 없앤 후, 점액질 성분이 많은 특정 재료를 넣고 육수를 상온에서 식히고 걸러낸 후에 매운 고춧가루, 안 매운 고춧가루 등 여러 재료를 더해 만드는 것을.

"이제 막 대학을 졸업하는 아들이 갓난아이였을 때 제 등에 업고 떡볶이를 만들기 시작했어요. 처음에는 이것도 해보고 저것도 해보면서 고생도 많이 했었죠. 원하는 떡볶이 맛이 완성되기까지 3년이 걸렸습니다."

옆에서 커피를 마시면서 주인아주머니 이야기를 듣고 있던, 마트에 계시는 고영수 씨는 아낌없는 칭찬으로 말을 거들었다.

식자재 도매유통 바로 앞 하얀 건물이 떡볶이집이다. 마침 방문한 날 방역 업체 방문일이었다. (건물 옆 벤치에 앉아 계신 분들)

"대단하신 분입니다. 말 그대로 이분 젊은 청춘이 다 들어가 있다 아닙니까. 이곳을 한마디로 표현하면, '만전萬全'입니다. 그런 곳입니다. 더 이상의 말이 필요 없습니다."

오전 11시 30분 오픈 시간이 가까워지면, 주인아주머니는 어묵 국물부터 만든다. 집에서 멸치 어장을 하고 있다는 주인아주머니가 가져온 신선한 멸치와 밴댕이, 다시마 같은 건어물과 무, 꽃소금 등을 이용한 육수다. 간은 소금으로 하지만 색을 내기 위해 미량의 간장도 들어간다. 게다가 멸치액젓까지 들어가 풍미를 담당한다.

어묵 국물을 마셔보니 육수 맛이 묘했다. 좋은 소금을 사용한 것은 기본이고 건어물 향도 좋게 다가왔는데 특히 그 맛 속에서 은은하게 풍기는 마늘 향이 좋았다.

집에서 멸치어장을 하니 **신선하고 좋은 멸치**를 사용할 수 있었던 것처럼, 가족이 직접 재배했다는 **마늘의 힘**이 그에 못지않았다.

어묵 육수에 은은하게 퍼진 마늘 향이 꽤 좋게 다가와 주인아주머니에게 여쭤보니 제부가 농사지은 것이라며, 남해 마늘은 해풍을 맞고 자라 서울에서 먹는 것과 다를 것이라는 설명을 덧붙이셨다.

정말로 마늘의 알싸한 맛이 강하지 않고 향긋하게 느껴지는 경험은 처음이었는데, 그만큼 재료 하나하나가 신선하다는 증거일 거다.

주인아주머니는 이 어묵 국물에 준비해둔, 가래떡을 데치고 떡볶이 판에 채 썬 무와 어묵을 넣고 떡볶이 만들 준비를 한다.

고추장이 아닌, 고춧가루로 만든 양념장은 갈아 넣은 재료 입자가 보였고 점성도 꽤 높아 보였다. 이 양념장에는 주인아주머니 24년 노하우가 숨어있었는데 바로 소금 간을 하지 않는다는 점이다.

몇 년 전, 오장동 모 냉면집 총주방장을 지냈다는 셰프님으로부터, 그곳 원천 기술 중의 하나가 "육수에 염鹽을 가하면 삭혀지는 원리로 온 육수를 만든다"는 이야기를 들은 적이 있다. 반대로 이 집은 재료 맛을 유지하기 위해 숙성할 때 염을 가하지 않고 그 대신 **5년 숙성된 매실액**을 사용하고 있는 점이 눈에 띄었다. 매실액도 1~2년 된 것은 그냥 설탕물이라는 매실 전문가의 의견에 반드시 직접 담근 5년 된 매실청만 사용하고 있다. 주인아주머니는 매실액을 넣게 되면 천연방부제 역할을 해서 양념장이 부글부글 끓지 않는다고 설명해 주셨다.

• 끓이지 않고 볶아내는 떡볶이

떡볶이 판에 무와 어묵, 양념장을 더해 떡볶이 양념을 만들어 놓고 손님이 떡볶이를 주문하면, 즉석에서 데친 가래떡을 주걱으로 한입 크기로 잘라낸 후, 만들어둔 양념을 더해 볶는다. 그런데 바글바글 끓이는 게 아니라 볶는다니?

이 집의 조리법이 유독 반가운 이유는 떡볶이의 어원과 개념 때문이다. 떡볶이는 **'가래떡을 적당한 크기로 잘라 여러 가지 채소를 넣고 양념을 하여 볶은 음식'**인데 사실 오늘날 떡볶이의 조리법은 그렇지 않다. 수분의 양을 많게 해서 끓이는, 그러니까 좀 더 편리한 조리법이 통용되고 있었기에 이곳의 조리 방식에 반가운 마음이 들 수밖에 없었다. 필자가 생각하고 있던, 이상향의 떡볶이라고나 할까? (참고로 새로 만든 떡볶이의 첫 손님에게만 수분이 많고 그 이후 손님들에게는 떡볶이 판의 수분이 적은 상태로 가래떡을 볶아준다)

떡볶이를 주문해 먹어 봤는데, 미원이나 쇠고기 다시다(향미증진제)를 사용하지 않고 천연 조미료만을 이용해 만든 떡볶이였다. 첫입에 깜짝 놀랐던 이유는 떡볶이에서 바다 향이 진하게 느껴졌기 때문인데 그 향이 거슬리지 않게 달콤함과 매콤함도 공존하며 어우러졌다. '건어물 향이 잘 살아 있다'고 느낄 수 있었던 이유는 먼저 언급했듯, 염을 가하지

길쭉한 가래떡을 주걱과 국자로 뚝뚝 잘라서 지글지글 '볶아'낸다.

않는 숙성 방법 때문일 것이다. 떡볶이의 간은 어묵 육수로 즉석에서 맞춘다.

떡볶이에는 꽤 익숙한 달콤함이 느껴지는데 실제로 물엿이 들어 있기 때문이기도 하지만, '어차피 다 아는 맛'이라는 생각은 들지 않는다. 그 이유는 매실액 외 다른 재료의 단맛과 건어물의 진한 감칠맛도 공존하고 있기 때문이다. 여기에 더해 여러 재료 맛을 잡아주고 풍미를 더해주는 비법 재료가 있었는데 바로 멸치진액이었다. 이 멸치진액은 3대째 멸치 어장을 운영하는 곳에서 만들어 공수받은 명품 액젓으로 이곳만의 비법을 더해 감칠맛을 높이고 있었다.

이러한 주인아주머니만의 노하우가 있어서일까? 충성도 높은 단골손님도 많다. 필자가 이곳에 세 번 방문할 때 세 번 모두 만난 손님이 있을 정도이다. 한 단골손님이 필자에게 “미국에 있는 딸이 이곳 떡볶이를 못 잊고 너무 먹고 싶어 한다”고 했을 만큼 다른 곳에서는 맛볼 수 없는 이곳만의 특별한 매력이 있다.

그런데 흥미로운 점은 숙성 정도에 따라 떡볶이 맛이 미묘하게 달라진다는 점이다. 늘 그랬듯 책 원고를 쓰기 위해 몇 차례 방문했는데 그중 한 번은 예전과 달리 매운맛이 좀 더 도드라졌다. 그래서 “이번에는 떡볶이가 좀 맵게 느껴진다”고 이야기했는데 주인아주머니의 대답에 의문이 풀렸다.

“이번에는 떡볶이가 조금 매울 거예요. 우리 떡볶이는 양념장이 숙성되면 될수록 맵습니다. 짝수로 양념장을 만드는데 3번, 4번 이런 식으로 번호를 매겨 두 통씩 만들어 놓으면, 숙성이 더 된 나중에 통을 연 것은 매운맛이 더 나더라고요.”

물론 그때 느낀 매운맛도 강한 게 아니라 보통 사람 기준, 한 번 '쓰읍~' 할 정도였을 뿐이다.

양념장이 더 숙성되면 왜 더 매운 맛이 나는지 궁금하신 분들이 있을 것 같아 설명을 좀 덧붙이려 한다. 숙성 정도에 따라 맛이 달라지는 정확한 이유는 매실청으로 건어물, 채소 등 유기 화합물의 활동성이 일시 늦춰졌다가 일정 시간이 지나게 되면, 유기 화합물 등의 생육이 다시 활성화되기 때문이다. 이때 단맛이 감춰지고 단맛에 감춰져 있던, 매운맛이 표출된다. 이러한 원리는 효소의 원리, 기질의 특징 등 숙성 정도에 따른, 자연스러운 과학 현상이다.

혀가 간사한 만큼 음식 맛에도 예민하다. 똑같은 음식도 고도(기압), 소음 등 주변 환경에 따라 미각의 예민함이 달라지는 것처럼, 음식 향기도 음식 맛에 영향을 미친다. 또한 숙성 정도에 따라 맛이 다를 수 있다.

물론, 인위적인 방부제나 조미료 등의 강한 맛으로 맛의 항상성을 유지하는 방법도 있겠지만, 이렇게 시간과 박자를 맞추는 천연 재료의 자연적인 맛이 필자는 더 좋다. 이곳이 그랬다.

참고로 책 서두에도 이야기했듯, 과거와 요즘 떡볶이의 가장 큰 차이점은 냄새가 사라졌다는 점이다. 멀리서도 느껴지던 떡볶이 향기가 사라졌다는 것은 40~50대 어른이라면 누구라도 인지하고 있을 것이다. 냄새는 미각과 연결되어 있어 냄새가 사라지면, 음식 맛을 잘 못 느끼게 된다. 그래서 더 짜고 더 달게 만든다. 그래야 맛을 잘 느낄 수 있으니깐. 슬프지만 요즘 떡볶이의 현실이다.

이곳 떡볶이는 어묵이 많이 들어가는데 흔히 볼 수 있는 떡볶이 어묵과는 달랐다. 이런 어묵에 익숙하지 않은 사람은 '덜 익었나?' 생각할 수 있을 정도로 씹을수록 쫄깃한 탄력을 가지고 있었다. 밀가루(전분) 함유량이 적고 **어육 함유량이 월등히 높은 어묵**이다.

떡볶이 양념 맛이 좋다 보니 양념 맛에 치중해 표현했지만, 사실 떡 맛도 꽤 좋은 집이다. 떡 맛이 좋아서 떡볶이를 먹으러 온 손님이 대다수일 정도다.

마침, 남해에서 유명하다는 떡집에서 가래떡 몇 상자를 가져오는 것을 볼 수 있었는데 놀랍게도 작은 떡 한 상자 가격이 5만 5천 원이나 했다. 꽤 비싼 가격인데 주인아주머니는 그저 당연한 듯 말씀하셨다.

"손님들이 떡이 맛있다고 하니 비싸도 이 떡이 아니면 안 되겠다 싶어 계속 고집하고 사용하고 있습니다. 다른 떡은 제 성에 차지 않더라고요. 물론 옛날에는 떡 값이 쌌어요. 지금은 가격이 많이 올라 남는 것이 없지만, 그래도 손님이 찾아오시니까요."

주인아주머니의 말씀처럼, 이곳은 단골손님이 많다. 동네 주민분들, 동네 병원의 간호사뿐만 아니라 토요일이 되면, 순천, 진교, 하동, 진주 등에서 이 떡볶이를 먹기 위해 찾아오는 곳이다.

남해에서 '지금 만나러 갑니다'라는 상호의 펜션을 운영하시는 할머님과 그 따님을 우연히 만났는데 8년 단골이라고 하셨다. 오랜만에 찾

아온 단골손님에 대한 반가움에 주인아주머니는 방앗간에서 갓 가져온 가래떡을 주셨고, 그 덕분에 옆에 있던 필자도 맛볼 수 있었다. 할머님은 가래떡을 드셔보더니 찹쌀이 섞인 것 같다고 하셨다. 확실히 필자가 먹어봐도 일반 가래떡과 질감이 달랐다. 맞춤 제작했다는 가래떡은 일반 가래떡과 달리 꽤 쫄깃하면서도 차졌다. 떡만 우물우물 씹어도 온전히 맛있는 떡이다. 이런 떡에 그 맛있는 양념이 더해지니 맛이 없을 수가 있을까? 쫀쫀한 떡의 박자에 맞춰 매운맛, 단맛, 감칠맛, 짠맛이 화음을 맞추니 말이다.

온기가 있는 이 가래떡을 바로 육수에 데쳐서 떡볶이를 만드는 것이 아니라 반나절 이상 말린 후 다시 육수에 데쳐 양념에 볶아내는 등 이곳만의 떡 사용법도 있었다.

오페라나 뮤지컬 공연이 음악뿐 아니라 시각적인 요소도 중요하듯 떡볶이도 맛은 물론 향, 식감이 두루 중요하다. 떡볶이는 '양념 맛'이라는 표면적인 판단보다는 맛의 원천이 떡이라는 사실과 그 떡의 질감과 맛이 전체적인 맛을 받쳐주는, 중요한 역할을 한다는 점을 인지한다면 좋겠다.

한 아주머니는 방송에서 필자를 봤다면서 미니 도마에 싸인을 요청하기도 하셨는데, 이분은 "명절 때만 되면, 튀김만 만드는데 줄 서야 가져갈 수 있을 정도로 인기가 좋다"고 말씀하셨다. 그러니 먹어 보지 않을 수 없다.

• 구구단 5단 튀김

이 집 튀김은 튀김가루를 사용하지 않는다. 조미료 성분이 있어 그것이 싫다는 주인아주머니의 소신 때문이다. 밀가루와 치자 열매 물을 이용해 튀김에 맛과 색을 입혀 낸다.

튀김 중에서도 쥐포튀김이 신선했다. 3년 전 당시 처음 먹어 본 튀김이었는데 쥐포의 고소하고 짭조름한 감칠맛이 튀김옷을 통해 증폭돼 느껴지는 게 안 먹어본 사람은 있어도 한 번만 먹어본 사람은 없겠다 싶을 정도로 중독성 강한 맛의 포텐을 품고 있었다. 분명 튀김인데도 구운 쥐포의 풍미가 그대로 느껴져 신기했는데, 주인아주머니는 담담하게 "신선한 쥐포만 선별해 쓸 뿐 특별한 건 없다"고 하셨다. 하지만 부산과 경상도 지역의 다른 분식집에서 먹어 본 쥐포튀김과 느낌이 다른 건 분명했다.

주인아주머니가 직접 만드는 김말이와 깻잎말이에는 공통적으로 당면과 당근이 들어간다. 그런데 그 맛이 그대로 살아 있을 정도로 양념을 순하게 하여 김과 깻잎 향이 잘 표현되는 점이 인상적이었다. 두부와 당근 등이 들어간 고추튀김은 고추의 매운맛이 있어 좀 더 강한 자극을 원하는 분들이 좋아할 맛이었다.

흔하게 맛볼 수 없는 쥐포튀김

담백할 정도로 깔끔했던 튀김들은 한 개에 500원. 가격이 저렴하다. 남는 것도 없겠다 싶은데, 가격을 이렇게 책정한 이유가 있다고 한다.

"구구단 5단으로 버티고 살았습니다. 동네 장사다 보니 저에게는 7단이 어렵더라고요. 저는 아직도 구구단 5단이 좋습니다. 오래 장사하다 보니 사람들이 다 알더라고요. 다른 곳과 다르다는 소리를 듣게 되면, 기분이 좋아요. 그렇게 알아주는 사람이 있어서 힘을 내고 좋은 재료를 고집하고 있습니다."

• 돈이 아닌, 사람을 모으는 가게

이곳은 사랑방 같은 공간이다. 주변 상인들과 동네 주민들이 매일같이 찾아온다. 정 많은 주인아주머니는 본인이 직접 구입한 원두로 매일 오전에 커피를 타서 나눠주신다. 물론, 필자도 커피를 마셨다. 모두 모여 남해 사랑방에서 이야기꽃을 피운다. 커피를 함께 마시던, 양일순 씨는 주인아주머니에 대한 칭찬을 아끼지 않았다.

"친절하고 정 많으신 분이에요. 떡볶이를 만들기 시작했을 때 거의 매일 고아원에도 음식을 챙겨주곤 했습니다. 지금은 바빠져서 그렇게 못하고 있지만, 그 정도로 마음이 따듯하신 분이에요. 요즘은 음식 갖고 장난치는 사람이 많잖아요. 이분은 음식을 깨끗하게 잘합니다. 가게 장사하고 설거지하게 되면, 밤 11시가 된다 아닙니까. 혼자서 새벽까지 고추 소, 깻잎말이, 김말이 등을 새벽 2~3시까지 준비하니 살찔 틈이 없을 것이라에."

돈을 벌자고 장사하는 곳이 아니라 정을 나누기 위해 장사하는 느낌을 주는 곳은 흔치 않은데 이 집은 그런 곳이었다. 주인장은 스스로의 몸을 돌보기보다 남을 더 생각하고 베푸는 스타일이다.

튀기기 전의 김말이와 깻잎말이. 주인아주머니는 이렇게 꼭 위생장갑을 끼고 손수 준비하신다.

앞서 고영수 씨가 이곳은 '만전'이라고 칭했던 표현이 필자의 머릿속에 자꾸 맴돌았다. 그보다 더 적절한 표현은 없지 싶다.

생각이 현실을 창조한다는 말을 일부 방송을 보며 느끼게 되고 잉여 현실에 대한 무아경에 빠지기도 하지만, 이처럼 주인장들의 비법 노하우들을 보면서 놀랍고 감탄할 수밖에 없었고 필자도 계속 배움을 거듭한다.

주인아주머니가 얼마나 열성적이신지 짧게 덧붙이자면 순대도 내장을 씻고 미리 삶아낼 때 생강과 마늘을 넣어 잡내를 잡아낸다. 이렇게 다양한 조리 노하우를 가지고 있는 이곳 주인아주머니는 내일 또 '만전'이라는 사랑방에 찾아올 단골손님들을 위해 오늘도 잠을 줄여가면서 늦은 시간까지 음식을 준비한다.

영업시간 오전 11시 30분~오후 7시 30분

휴무일 일요일 휴무

주소 경남 남해군 남해읍 망운로 26 식자재도매유통 앞 (아산리)

연락처 無 (개인 연락처)

이 집 어때요?

• 정말 놀랐습니다. 어릴 때 사 먹던 떡볶이집이 아직 있다니! 어묵 국물에서 막 떡을 건져, 바로 볶아주시던 그 떡볶이 맛이 잊혀지지 않는데, 너무 신기하네요! 20여 년 전 여기 마트 생길 즈음 생겨서 종종 갔었는데! 이번에 고향 집 내려가면 꼭 가봐야겠네요. 감사합니다!

- ID: 최다은

• 제 인생 떡볶이집이에요! 여기 아주머니랑 정말 친했었는데 떡볶이 항상 2인분씩 사가면 튀김도 여러 개 얹어주시던… 다음 남해 현장 갈 때도 매일매일 들러서 사 먹어야겠습니다! 여기 너무 맛있어요.

- ID: 이승승

• 11년 전 학교 마치고 꼭 들려서 기다리고 먹고 그랬던 곳이에요. 아직도 저는 여기처럼 맛있는 떡볶이랑 오징어튀김을 먹어 보지 못했네요. 지금은 멀리 떨어져 있지만 종종 너무 먹고 싶어서 남해를 갈까 생각하다가 찾아봤는데 많은 사람들에게 알려질 정도로 유명해졌네요. 그럴 만한 곳이에요. 여긴… 먹고 싶어서 눈물 나요.

-ID: 혜욤

12

신가네 호떡 김밥 떡볶이

동래시장 원톱 맛집, 이게 부산 떡볶이 맛 아이가!

문화구조가 변하는 사회 산업화 속에서 길거리 분식으로 취급받던 떡볶이는 프랜차이즈 브랜드까지 우후죽순 등장하면서 대형화·체인화 되고 있다. 공장에서 만든 소스로 편하게 만들려는 주인장이 많아지고 배달을 통해 편하게 먹으려는 소비심리가 맞물려 떡볶이는 점점 인스턴트식품처럼 변해간다. 맛의 획일화가 이루어지는 추세이다. 그런데 사실 떡볶이는 재료도 다양하고 맛의 스펙트럼이 의외로 넓은 음식이다. 지역마다 각자의 개성을 뽐내는 떡볶이가 존재한다는 게 그 증거다.

개성이 강한 각 지역의 떡볶이 중 유독, 다른 지역에 비해 떡볶이 맛이 상향평준화 된 곳이 있었으니 바로 부산이다.

그 이유가 뭘까? 바로 **떡의 차이**다.

쌀떡과 밀떡 그 취향 차이를 논하게 만드는 다른 지역 떡볶이와 달리 경남 지역, 특히 **부산은 쌀을 이용해 만든, 가래떡만을 사용**한다. 이게 왜 떡볶이 맛을 가르는가 하면 일부 밀떡에 들어가는 원료 때문이다. 밀떡은 크게 '판밀떡'과 '봉지떡'으로 나뉜다. 일자 판밀떡은 밀가루떡 맛이 그대로 표현되지만, 봉지떡은 주정, 기름 등의 첨가물로 떡 맛이 가려진다. 이렇게 떡 맛과 품질이 저하된 봉지떡을 사용해서 떡볶이를 만들지 않는다는 점이 부산 떡볶이가 상향평준화된 가장 큰 이유라 할 수 있다.

부산에도 수많은 떡볶이집이 있지만 그중 단연, 돋보이는 곳이 있다. 바로 동래시장 안에 있는 '신가네 호떡 김밥 떡볶이'다.

• 드디어 소개할 수 있게 된 부산 대표 떡볶이

사실 이 분식집은 10년 전, 모 방송 착한떡볶이 편에서 몰래카메라 형식으로 촬영해 주인장 의사와 상관없이 1분여 방송에 노출된 적은 있었다. 하지만 방송에 본격적으로 소개되어 손님이 더 많아지면, 음식에 소홀해지고 단골손님에게 피해가 간다며 그동안 방송 출연을 수십 차례 거절해 온 방송계의 이단아, 금단의 영역 같은 곳이다.

이곳의 1대 사장님인 70세 신순덕 주인할머니와 주인할아버지는 최상의 좋은 재료로 정직하게 그리고 느리게 음식을 만들어야 음식 맛이 좋다는 신념과 철학 때문에 너무 유명해지는 것을 꺼리셨다. 하지만 다행히 아드님이자 2대 주인인 이재한 사장님의 허락으로 이곳을 책에 소개할 수 있게 되었다.

이곳의 역사는 울산에서 시작되었다. 2대 사장님인 아드님에게서

들은 이야기에 따르면, 울산에서 약 3년 동안 호떡을 만들다가 부산으로 이전, 복천동의 이 자리에서 25년 동안 호떡, 김밥, 떡볶이를 만들고 있는데 특이하게도 여러 가족이 함께 운영하고 있다. 분식집이지만, 규모가 크다 보니 하는 일을 분담해 이문형 주인할아버지와 주인할머니가 새벽 3시부터 오픈 준비와 밤 마무리를 담당하고 두 아드님인 이재한, 이재근 주인아저씨가 낮에 매장에 나와 음식 만드는 아주머니들을 돕고 있었다.

필자는 몰래카메라를 통해 방송에 노출되기 전인 10년 전, 이곳을 처음 방문했었다. 매일 찾아가고 싶을 만큼, 떡볶이에 들어가는 가래떡 맛이 좋고 깔끔하고 특유의 풍미를 가진 양념 맛이 독특하고 좋았는데 안타깝게도 사는 곳이 서울이다 보니 그동안 여섯 번밖에 찾아가지 못했다. 부산 떡볶이 하면, 제일 먼저 떠오르는 곳이 이곳인데 말이다. 그만큼 음식 품질과 맛을 봤을 때 부산에서 이만한 분식집을 찾기 힘들다. 떡볶이의 기본인 떡 품질도 따져봐야 하기 때문이다.

원고 집필을 위해 2019년 여름과 겨울 다시 찾아가 보니 어린아이와 함께 온 가족 손님도 볼 수 있었다.

필자의 SNS 인친 중 이곳 떡볶이가 '인생떡볶이'라고 말씀하신 분도 몇 분 있을 만큼 품질과 맛이 뛰어난 부산 대표 떡볶이는 어떻게 만들어질까? 호기심이 생겼다.

가래떡은 매일 아침 방앗간에서 빼 온다. 이 떡을 이곳만의 노하우로 맛을 낸 어묵 육수에 데친 후 떡볶이 판에 옮겨 양념장과 어묵, 대파를 더해 **중탕조리법**으로 떡볶이를 만든다. 참고로 중탕조리법은 약 350년 전, 국내 최초의 한글 조리서인 《음식디미방》에도 나와 있듯 선조들의 지혜가 담긴 조리법이다.

그런데 왜? 부산 떡볶이집들은 중탕조리법을 선호할까?

해답은 부산 떡볶이의 주재료인 쌀떡에서 찾을 수 있다. 녹말 성분이 규칙적으로 배열된 쌀떡은 물에 넣고 가열하면, 높은 열에 의해 녹말의 규칙적인 배열이 흐트러지면서 풀처럼 점성이 강하게 되고 쉽게 퍼진다. 이런 단점을 보완하는 방법이 바로 중탕조리법으로 부산 떡볶이집 주인장들의 지혜가 담겨 있다. 다만, 이 방법은 조리에 긴 시간이 필요하다. 그래서 새벽부터 음식 준비를 하는 이곳은 오전 7시부터 떡볶이를 먹을 수 있다.

떡은 어묵 국물에 데쳐낸 후 조리하는데 불 위에 바로 올리는 게 아니라 끓는 물에서 올라오는 열로 데우는 중탕조리법을 사용한다. 떡볶이 판 아래에 물이 담긴 대야가 있다.

양념장은 경북 문경에서 재배한 고춧가루로 만드는데 찹쌀 등의 재료를 더해 냉장 숙성시켜 사용하고 있었다. 떡볶이를 담당하고 있던 아주머니가 양념장의 특징을 설명해주셨다.

"우리는 찹쌀고추장과 여러 재료도 함께 들어가요. 떡볶이 색이 예쁘죠? 찹쌀이 들어가서 그래요 다른 집과 맛도 다를 거예요."

어묵 국물을 먼저 마셔봤는데 천연 재료로만 맛을 낸 국물이다. 디포리, 건새우, 꽃게, 다시마 등으로 맛을 낸 육수는 건어물 풍미가 가득하고 뒷맛이 깔끔하다. 간이 세지 않아 첫입에 큰 감흥은 없지만, 자꾸 손이 가는 마법 같은 국물이다. 아주 천천히 어묵 국물이 내게 스미는 느낌이 들 정도다.

김밥도 이곳 대표 메뉴 중 하나다. 품질 좋은 전남 장흥 쌀로 만든 밥에 유부조림 등이 들어간 김밥은 밥맛이 좋고 씹을수록 고소하다. 소금의 짠맛과 단무지의 신맛이 먼저 느껴질 정도로 전체적으로 맛이 강하지 않고 깔끔하다. 오래 씹을수록, 재료가 가진 장점이 살아난다. 밥과 유부조림의 고소함이 강력해지기 때문이다. 깔끔함이 남다르다 보니 집에서 어머니가 싸주는 바로 그 김밥 느낌이 난다.

떡볶이를 먹기 전, 경남 부산 지역에서만 볼 수 있는 물떡도 먹어 봤다. 가래떡을 어묵 육수에 데쳐 건어물 풍미와 간이 밴 부드러운 쌀떡이다. 도정한 지 얼마 안 된 쌀로 만들어서인지 떡 맛이 달게 느껴진다. 오래 씹을수록 떡 맛의 진가가 드러난다.

떡볶이 1인분을 주문했다. 밝은 빨간색이라 먹음직하게 보인다. 색채심리학으로 봤을 때 빨간색은 생각과 행동을 이끌어 내는 정서적 배경을 제공하는 색이다. 그렇듯 이 떡볶이의 빨간 빛깔은 식욕을 이끌어 내기에 충분한 아름다운 색이다. 멋진 빨간색 옷을 입은 떡볶이 떡부터 먹어 봤다. 수분이 스미고 열에 의해 분자구조가 흐트러진 떡은 부드러운 식감으로 입 안에 들어온다. 물떡을 먹을 때도 느꼈지만 이 집 떡 맛

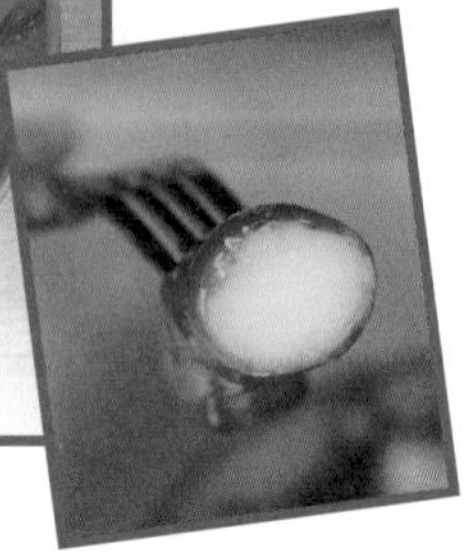

이 상당히 좋다. 물떡처럼 씹을수록 고소하고 떡 자체가 달게 느껴진다. 좋은 쌀로 만들어진 떡이다.

이 쌀떡은 식었을 때 더욱 진가를 발휘하기 시작했다. 떡볶이를 포장해서 서울로 출발한 시간이 오전 11시인데, 밤 11시가 되어 먹을 때도 떡이 굳지 않고 찰지고 쫄깃했다. 맛도 변하지 않았다. 오히려 떡볶이 양념 풍미가 더 진하게 다가오는 신기함 가득한 떡볶이다. 매장에서 먹을 때와 포장해서 먹을 때의 떡볶이 떡 질감(식감)이나 맛을 비교해보는 일도 재미지다.

이곳 떡볶이 떡을 통해 한 가지 더 재미있는 사실도 발견했다. 원고 취재차 전라도와 경상도 대표 쌀떡볶이를 며칠 간격으로 연이어 먹게 되었는데 전라도 대표 쌀떡볶이인 전주 돌아온떡볶이(구: 옴시롱 감시롱)는 전남 나주평야의 쌀로 만든 떡을 사용하고 경상도 대표 쌀떡볶이인 신가네 호떡 김밥 떡볶이는 인접한 전남 장흥 쌀로 만든 떡을 사용하고 있었다.

이는 최상의 재료를 중요시하는 60~70대 남부 지역 어르신들의 생각을 알 수 있어 흥미로운 대목이다. 백제시대부터 벼농사가 이어진 나주평야 지대의 쌀을 최고로 친다는 뜻이니까. 더불어 푸드 마일리지가 높은 식재료가 예사로 보이는 요즘과 반대되는 상황이기 때문에 더욱 의미 있게 다가왔다. (사실 몇십 년 전만 해도 **지산지소 로컬푸드**가 매우 당연한 일이었지만 말이다) 이렇게 신토불이를 중시하는 어르신들이 음식을 만드니 음식 맛이 좋을 수밖에 없다.

떡 맛이 좋은 경상도 대표 떡볶이는 양념 맛도 일반적인 고추장이나 고춧가루 맛이 아니었다. 천연 조미료 역할을 하는 찹쌀, 건어물, 육수 등이 숙성되면서 생성되는 복합미가 고춧가루의 좋은 향과 구수한 단맛을 이끌어 내며 맛을 보다 풍성하게 해주고 있다. 떡볶이 소스를 살펴보면 가루도 보이는데 **분쇄한 곡물, 건어물** 등이 맛을 증진하는 역할을 한다.

이 떡볶이는 대파와 어묵뿐만 아니라 무도 함께 들어간다. 그동안 방송을 통해 알려진 부산 무 떡볶이들은 생무(채)를 사용하지만, 이곳은 미리 **아침에 양념해둔 무(채)**를 사용한다.

무에는 식이섬유뿐만 아니라 각종 미네랄 성분이 풍부하다. 수산물과 잘 어울리는 이 무가 건어물로 만든 어묵 육수를 만나고 온 숙성 되면

자세히 보면 굵은 입자의 미색 가루가 보인다. 분쇄한 곡물과 건어물 가루다.

서 고구마말랭이처럼, 특유의 풍미를 뽐내게 되는데 이 풍미가 이 집 떡볶이 맛의 핵심 중 하나이다.

삼투압 현상으로 수분이 빠진 무는 시간이 지날수록, 산미를 품은 향긋한 단 향을 뽐내는 것인데 이와 같은 재료 맛의 변화는 장시간 조리 시간이 필요한 중탕조리와 찰떡궁합이다.

마치 공장제 떡볶이처럼 단맛과 매운맛이 강한 요즘의 떡볶이와는 사뭇 다른 느리게 걷는 떡볶이, 느림의 미학이 담겨 있다. 그래서 아침보다는 저녁에 양념과 어우러진, 무의 존재감은 높아지고 떡볶이 맛도 깊어진다.

미리 양념한 무가 듬뿍 들어간다.

마지막 방문 때는 신기한 경험도 했다. 음식 맛은 곁들여 먹는 음식에 따라 맛이 달라지기도 하는데 떡볶이를 김밥과 함께 먹으니 떡볶이 양념 맛이 좀 더 잘 느껴졌다.

김밥 속 단무지의 신맛이 침 분비를 늘리니 떡볶이 양념 맛이 더 예민하게 느껴지기 때문이다. 이것은 짠맛뿐만 아니라 신맛이 뇌에 주는 자극에, 몸이 자연스럽게 반응하는 현상이라 재미있다. 그리고 그 덕분에 양념 속 단맛과 감칠맛이 더욱 풍성하게 느껴져 자꾸 손이 갈 수밖에 없었다.

우연히 1대 주인할머니 친구분의 따님을 알게 되었는데 호떡에 대한 칭찬도 아끼지 않으셨다.

이곳의 호떡은 매일 새벽 3시부터 준비가 시작된다. 70세 이문형 주인할아버지가 찹쌀과 밀가루, 곡물 등을 황금비율로 섞어 호떡 반죽을 만들고 숙성시키는 시간이 필요한 것이다.

숙성시킨 호떡 반죽을 이용해 주인할아버지의 동생분(66세 이주희 씨)이 주로 담당하며 호떡을 굽는데 줄을 서야 먹을 수 있을 정도로 찾는 손님이 많아 마치 **'호떡집에 불이 난다'**는 표현이 이 집을 빗댄 것으로 보일 정도다.

꿀벌이 꽃향기에 이끌리듯, 동래시장에 가면 마가린의 고소한 냄새 때문에 누구라도 이 호떡판을 그냥 지나칠 수가 없다. 꽃에만 꿀이 있을까, 호떡 안에도 꿀이 가득 찼다.

코끝을 간질이는 마가린 냄새를 이기지 못하고 호떡도 주문했다. (한 개 700원) 마가린을 이용해 튀기듯 구워 첫맛은 짭쪼름하고 고소하다.

마가린 열원에 의해 완성된 호떡피는 적당히 찰지고 쫄깃하며 부드럽기도 하다. 호떡 속의 꿀은 한창 유행하던 흑당 음식처럼, 검붉어 보였는데 흐르지 않을 정도의 점도를 유지한다. 신기하다. 견과류의 고소함이 더해진 설탕꿀은 과하게 달지 않다. 호떡 다섯 개 아니 열 개도 먹을 수 있을 것만 같은 맛이다.

단순해 보이는 이 호떡이 거창한 음식은 아닐지라도 어떤 황설탕과 반죽 노하우를 이용해 마법을 부린 것인지 궁금할 만큼 과하지 않은 절제된 맛의 어우러짐이 좋다. 부산 호떡의 자존심까지 느껴진다. 이 호떡은 식어도 맛이 좋다. 바삭함은 사라지지만, 쫄깃한 피와 달콤한 꿀의 케미가 여전하기 때문이다.

필자가 책에 담아낸 떡볶이집들의 공통점이 있다. 같은 일을 반복하는 일상 속에서 매일 노력하여 좋은 맛을 탄생시킨다는 점이다. 이 집도 마찬가지다. 어쩌면 이곳 떡볶이, 호떡, 김밥 맛의 비밀은 숨겨진 재료 노하우도 있겠지만, 이 '한결같음'에서 나온다고 말할 수도 있겠다. **곡물의 힘이 느껴지는 이곳 음식**은 최상의 좋은 재료, 쌀이 우선이라는 신념에 오픈 초기부터 전남 고성과 장흥 쌀을 사용했고 지금도 장흥 쌀만을 고

흔한 프리미엄 김밥에 비해 재료가 단출하다. 하지만 재료가 가진 힘이 강력하다. 특히 최상의 쌀을 써야 한다는 신념과 고집 덕에 밥맛이 일품이다.

집하는 한결같음이 있다.

입맛은 상대적이라 보는 이의 시각에 따라 달라질 수 있지만 이 떡볶이가 대단한 것임에는 틀림이 없다. 방문할수록 맛에 감탄하고 놀라움을 주는 집이다.

음식의 품질, 맛의 균형까지 완벽한 음식만큼, 재료의 소중함을 알고 친절로 손님을 배려하는 '신가네 호떡 김밥 떡볶이'는 오늘도 새벽 3시가 되면 문을 열고 음식 준비를 시작한다.

영업시간 오전 6시~오후 11시

(주문 가능시간: 김밥 오전 6시, 떡볶이 오전 6시30분~오전 7시, 호떡 오전 9시 30분, 만두 오전 10시부터)

휴무일 매월 2, 4째 화요일

주소 부산 동래구 충렬대로249번길 61 (복천동)

연락처 051-552-2644

이 집 어때요?

• 일하시는 분들이 친절해서 좋았습니다. 떡볶이 색이 진해 많이 매울 것처럼 보이지만, 열 살인 우리 아들이 먹을 수 있을 정도로 맛있게 조금 맵고 달지 않아서 좋죠. 그리고 떡이 쫄깃한 게 지금까지 먹어본 떡볶이 떡 중 단연 최고였습니다.

- 황정은 씨(바디운동선수이자 운동전도사)

• 제가 어릴 때부터 있던 곳입니다. 떡볶이는 부산에서 자주 볼 수 있는 무 떡볶이라 무 특유의 달달함과 꼬독한 식감을 느낄 수 있어 좋고요. 다른 지역에서는 생소한 굵은 쌀떡볶이입니다. 색상이 빨갛지만, 많이 맵지 않습니다. 줄 서야 먹을 수 있는 호떡은 이곳의 시그니처인데요. 마가린을 쓰기 때문에 특유의 고소함과 짭조름함이 있습니다. 갓 나왔을 때는 튀긴 것처럼 바삭하고 쫄깃한 도우의 식감을 느낄 수 있어요. 반죽이 이 집 호떡의 핵심인 것 같아요.

- 김소영 씨(1대 주인아주머니 친구 분 따님)

• 저도 부산에서 좋아하는 곳 중 한 곳입니다. 빠른 회전율에 맞춰서 잘 조리된 떡볶이를 먹을 수 있도록 유지하는 실력이나 주방 시스템이 잘 갖춰진 곳이란 것을 느꼈습니다. 개인적으로 유명한 다른 곳보다 훨씬 낫다고 동행한 분과 같은 생각입니다. 글을 보니 부산에 가고 싶네요.

- ID: 미도리빔(맛있는 탐구생활 동호회 회원)

13

공주분식

식어도 맛있다니, 잘 익은 당근이 신의 한 수

40여 년 전, 울산 남부에는 당시 동네에서 가장 큰 규모의 중국집이 있었다. 주인장은 어린 시절 배고픔에 중국집에 들어가 음식을 배우기 시작했고 중국집까지 차리게 된 것인데, 배고픈 서러움을 잘 알기에 돈이 없는 분이 식사하러 찾아오면 돈을 받지 않고 음식을 내어주는 따듯한 분이었다. 박애숙 주인할머니는 당시 딸 넷을 키우는 화목한 딸 부잣집 안주인으로서, 중국집의 홀을 책임지고 있었다. 그런데 남편 몸이 아프게 되면서 가세가 기울고 딸 넷을 키우기 위해 울산 남부시장 공중전화 박스 옆에서 떡볶이를 만들기 시작했다.

먹고 살기 위해 노점으로 시작했지만, 내 가족이 먹는다는 생각으로 정성을 다해 만든 떡볶이는 주변에 입소문이 났고 10여 년 전, 대흥식육점 간판이 있는 건물로 들어와 본격적으로 떡볶이집을 열게 되었다.

다른 지역까지 떡볶이 맛집으로 소문난 이곳은 한때 '대흥식육점 떡볶이'로, 울산 대표 떡볶이 맛집으로 명성을 날리게 되었고 모 방송에도 소개될 수 있었다. 지금은 '공주분식'으로 상호가 바뀌었고 자리도 이전했지만, 변함없는 정성으로 맛있는 떡볶이를 만들고 있다.

• 결점을 찾기 어려운 떡볶이

40년 전통의 이곳 떡볶이를 처음 먹어 본 것은 6년 전이다. 이렇게 위생까지 신경 쓰면서 음식 만드는 곳이 있을까 싶을 만큼 보이지 않는 구석구석까지 쓸고 닦으며 깨끗하게 주방 관리하는 것이 인상에 남았다. '무결점 떡볶이다'라고 말할 수 있을 만큼, 다양한 천연 재료를 이용해 정성을 다해 만든 떡볶이는 맛까지 좋았다.

그 좋았던 기억을 가지고 2019년 11월 21일 다시 울산을 찾았다.

대흥식육점 간판을 달고 장사할 때의 모습과 새로 이전한 공주분식 모습

서울역에서 아침 7시 울산행 KTX를 타고 오전에 찾아가 보니 아직 오픈 준비 중이었다.

40년간 떡볶이를 만들면서 주인아주머니는 벌써 군대 간 큰 손주가 있을 만큼의 세월이 흘러 주인할머니가 되신 것이다. 몇 년 만에 찾아뵈니 주인할머니는 거동이 조금 불편해지신 듯도 했지만, 변함없이 새벽 4시 30분에 일어나 대파를 다듬고 그날의 장사 준비를 시작하는 모습은 한결같았다. 지금은 대기업에 근무하던 첫째, 셋째 따님이 회사를 그만두고 가게에서 어머니를 돕고 있었다.

이곳은 특이하게 두 가지 육수를 만든다. 하나는 **떡볶이용 육수**, 또 다른 하나는 **어묵 국물용 육수**다. 품질 좋은 멸치, 디포리(밴댕이), 건새우, 다시마 등을 듬뿍 넣고 무 등을 더한 것이 떡볶이용 육수고 여기에 양파와 대파를 더하면 어묵 국물용 육수가 된다. 각각 재료가 다른 데에는 이유가 있다. 떡볶이에는 조리 과정 중에 꽤 많은 양의 채소가 따로 들어간다. 그래서 떡볶이용 육수에는 채소를 추가로 넣지 않지만 어묵 국물용 육수에는 향신채소인 대파를 듬뿍 넣는 것이다.

건어물이든 채소든 이렇게까지 넣으면 남는 것이 있을까 걱정될 정도로 **여러 가지 재료를 엄청나게 많이** 넣는다. 재료를 아끼지 않고 넣는 것에 대해 주인할머니는 "보기 좋아야 먹기도 좋듯이 재료도 아끼지 않고 넣어야 맛이 좋다고 재료를 아끼는 순간 맛이 떨어진다"고 말씀하셨다.

떡볶이는 주인할머니가 1차로 주방 안에서 이곳만의 양념을 더해 초벌 조리한다. 이것을 떡볶이 판에 옮기면, 따님이 2차로 졸여서 손님에게 내어주고 있었다.

이곳에 와서 보기 좋고 인상 깊었던 것은 주인할머니와 따님 모두 존댓말로 서로를 존중하고 있었다는 점, 그리고 따님이 떡볶이와 육수 만들기의 시작을 반드시 어머니에게 부탁한다는 점이었다. 이제는 따님이 만들 수 있음에도 말이다.

공주분식 떡볶이는 이곳만의 건어물 생선 육수에 뭔가 더해진 고춧가루를 듬뿍 넣고 몇 가지 재료를 더해 끓인다. 푹 끓고 나면 걸쭉한 것이 마치 시럽처럼 보인다. 이때 진공 포장된 떡을 떼어 넣고 양파, 대파,

당근 등의 채소를 듬뿍 넣고 더 끓여 만든다. 직접 보지는 못했지만, "고춧가루를 기본으로 하고 매실청이 들어간 고추장도 들어간다"고 주인할머니 첫째 따님이 몇 년 전 귀띔해 주신 적이 있다. 이곳만의 노하우라서 공개하지는 못하지만 필자조차 알지 못하는 천연 재료도 포함되어 있었다. 이곳은 미원, 쇠고기다시다 등 조미료(향미증진제)를 사용하지 않는다. 오직 천연 재료만으로 맛을 내는 집이다.

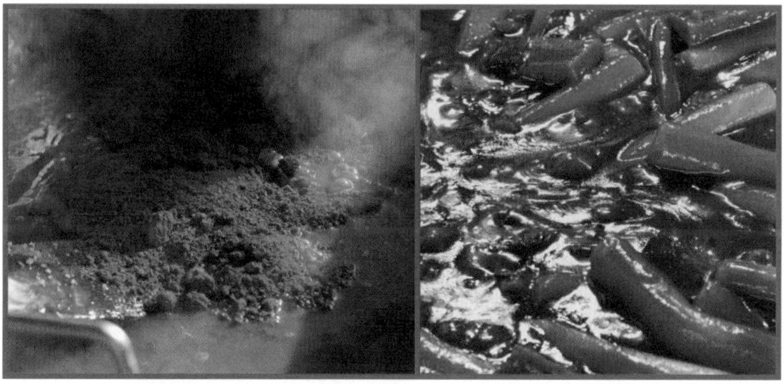

푹 끓이고 나면 시럽처럼 걸쭉하게 변한다.

떡볶이가 완성될 때쯤, 손님들이 하나둘 찾아왔다. 어렸을 때부터 먹어 본인에게는 추억의 맛이라는 한 단골손님의 이야기를 듣던, 주인할머니는 "이분이 책 낸다고 서울에서 찾아왔다 아닙니꺼. 우리 집은 우리 식구가 먹는 방식으로 그대로 합니더. 우리 식구도 같이 먹는 음식입니더. 김밥도 평일에는 하루 30줄 주말에는 50줄 이상 안 합니더. 우리 음식은 신선함이 생명이라예. 채소도 신선한 것만 쓰고 떡볶이 떡도 새벽 6시에 만든 당일 쌀떡만을 사용합니더."라고 말해주신다.

• 당근이 만든 마법, 식어도 맛있다

맛이 매우 궁금하다. 먹어 보지 않을 수 없다.

떡볶이는 진한 붉은 빛을 뽐낸다. 이것이 울산에서 가장 유명한 떡볶이다. 떡볶이에는 채소도 많이 들어가 있다. 위에 통깨를 뿌리니 정갈하게 담긴 떡볶이가 좀 더 돋보인다. 향을 먼저 맡아보니 좋은 고춧가루 향과 건어물 육수 향이 섞여진 구수한 향내가 진하게 올라온다.

검붉을 정도로 진한 붉은색이라 조금 긴장했지만 막상 입에 넣으니 보기와 달리 맵지 않다. 고춧가루가 좋은 향을 내지만, 매운맛은 절제된 떡볶이다. 건어물 육수 향이 떡볶이 떡에 배어 구수한 감칠맛이 난다. 그 감칠맛을 채소가 은은한 단맛을 내며 받쳐준다.

전체적인 맛의 균형을 봤을 때 단맛 비율이 높은 떡볶이였지만, 과하다는 느낌이 들지 않는다. 떡볶이의 단맛이라고 하면, 흔히 설탕과 물엿으로 낸다고 생각하겠지만 과일이나 채소가 더해진 단맛은 물리지 않고 깔끔하다. 이 떡볶이가 그랬다.

재밌는 점은 또 있었다. 집에 올 때 떡볶이를 포장해왔는데 차갑게 식은 떡볶이 또한 맛이 좋았다는 사실이다. **따듯한 떡볶이는 건어물 생선 육수의 감칠맛**이 빛을 발한다면, **식은 떡볶이는 채소의 단맛**이 좀 더 빛을 발했다. (물론 앞서 말했듯 따듯할 때도 단맛 비중은 높다)

어쩌면 필자가 서울로 떡볶이를 포장해온 것이 신의 한 수라고 할 수 있겠다. 식은 상태에서 **빨간 양념에 조리된 당근**을 앞니로 먹었을 때 느껴지는 특유의 식감과 맛! 먹어본 사람만 알 수 있는 즐거움이다. 사실 대파나 양파가 많이 들어간 떡볶이는 쉽게 볼 수 있다. 하지만 당근이 듬뿍 들어간 떡볶이는 흔하지 않다.

채소 가득한 떡볶이 판. 특히 눈에 들어오는 건 굵직하게 채 썬 당근이다. 양념 밴 잘 익은 당근이 요물이다.

서양은 수프나 케이크 등에 이용하고 중화요리에서는 천연 조미료로 사용하기도 하는 당근은 울산 공주분식 떡볶이의 주요 비법의 하나라고 할 수 있을 만큼, 당근 특유의 감칠맛과 단맛이 떡볶이에 잘 배어 있었다. 중화요리에 필수였던 채소가 떡볶이 조리 과정을 통해 재탄생되고 채소가 가진 단맛의 위력을 보여준다. 그러니 공주분식에 들렀다면 떡볶이에 들어간 채 썬 당근은 반드시 먹어 보길 권한다. (중화요리를 만들면서 터득한 채소 사용법을 떡볶이에 응용했다는 점이 재밌고 흥미로웠다)

한편 떡 이야기도 빼놓을 수 없다. 이 집은 새벽에 만들어 진공 포장한 따듯한 떡을 사용하고 있다. 떡볶이를 입에 넣었을 때는 진한 양념 맛이 먼저 닿지만 지나치게 강하지는 않아 떡 맛이 입 안에 온전히 잘 느껴진다. 떡볶이 떡을 오래 씹을수록, 쌀떡의 입자(질감)도 느낄 수 있고 곡물이 가진 구수함이 올라온다.

건어물 육수와 채소, 고춧가루 양념 조합에 소금까지 잘 사용하여 단맛, 짠맛, 감칠맛 등 여러 맛의 균형을 잘 맞춘 떡볶이다.

• 여기, 국물 좀 더 주세요

떡볶이의 영원한 단짝 어묵 국물. 공주분식의 어묵 국물 또한 손님들

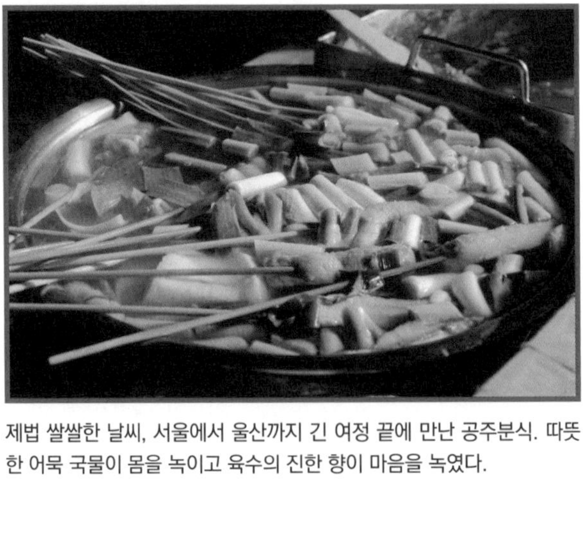

제법 쌀쌀한 날씨, 서울에서 울산까지 긴 여정 끝에 만난 공주분식. 따뜻한 어묵 국물이 몸을 녹이고 육수의 진한 향이 마음을 녹였다.

에게 사랑받고 있다. 이 집뿐만 아니라 서울, 전주, 부산, 문경 등 **어묵 국물이 유독 진하고 맛있는 몇몇 분식집**이 있다. 이런 곳은 기본적으로 맛을 신뢰할 수가 있다.

여러 건어물 생선뿐만 아니라 대파까지 푸짐하게 들어간 어묵 국물은 생선 향이 강하게 느껴질 정도로 진하디진하다. 건어물 양이 많아 자칫 비릿할 수도 있는데 향신채소인 대파와 양파가 냄새를 잡아 맛이 깔끔하다.

어묵 국물 리필하는 손님들을 쉽게 볼 수 있을 정도로 이 육수를 추가로 찾는 분이 많다. 필자도 맛있는 어묵 육수를 마음껏 마실 수 있어 좋았다. 떡볶이 먹으러 울산 동구 동부동에 찾아온 이들만이 누리고 느낄 수 있는 특권 아닌 특권이다.

대흥식육점에서 공주분식, 그리고 자리를 이전한 이곳까지 서울에서 울산을 세 번 방문할 때마다 가게 이름과 겉모습은 바뀌었지만, 깊은 맛이 느껴지는 떡볶이는 변함이 없었다.

• 삶의 애환이 차곡차곡 담긴 떡볶이

취재를 마무리하면서 주인할머니의 두 따님에게 어머니께 하고 싶은 말이 있으신지 물으니 모두 같은 대답이 돌아왔다.

"건강하셨으면 좋겠어요. 이제는 쉬시면서 편하게 지내셨으면 해요."

주인할머니는 주민등록상 1952년생이지만 본 나이는 72세라고 하신다. 마음은 아직 젊은데 사실 다리와 허리가 아파 그만두려는 마음을 먹었으나 멀리서 찾아오는 손님을 외면할 수 없어 계속 장사를 하고 있다고 하셨다.

"옛날에는 하꼬방(판잣집)에서 일을 했다면, 지금은 호텔에 있는 느낌입니더. 바람이 불어도 걱정 없고 비가와도 걱정이 없는데 제 몸이 아프고 불편하다고 찾아오는 손님을 외면할 수가 없는 거라에. 해남 땅끝 마을에서도 딸 넷 가족이 찾아와서 건강하고 맛있는 떡볶이 만들어줘서 고맙다고 인사해줬다 아닙니꺼."

일을 돕는 두 따님에 대한 말씀도 잊지 않았다.

"딸 넷을 키우기 위해 이 떡볶이를 만들면서 제 옷 하나 제대로 사본 적이 없다 아닙니끼. 옛날에는 돈이 없어 갈 데도 없었고 일 년 열두 달 슬리퍼를 신고 떡볶이를 만들었습니더. 제 소원이 그랬어에. 딸들이 콩나물처럼 빨리 자라서 대기업에 다니면 소원이 없겠다. 적어도 굶고 살 일은 없을 테니 말이라에. 떡볶이 만들면서 빌었더니 정말 소원이 이루어지더라고예. 그렇게 대기업에 취직한 딸들이 이제는 제가 아프다고 도와준다고 하니 제가 거절할 수가 없는 것이라에."

공주분식 주인할머니와 일손을 돕는 두 따님

지난 40년간 꺼내지 못했던 속마음도 조심스레 꺼내 놓으셨다.

"떡볶이 시작할 때 우리 신랑이 사십여덟에 돌아가셨다 아닙니꺼. 주변 사람의 도움으로 초상을 치를 수가 있었는데 가는 길이라도 좋은 데를 가게 해주고 싶었다 아닙니꺼. 절에서 사십구재를 치르면서 돈은 제가 살아가면서 갚을 수가 있는데 갚을 수는 있는데 나이 오십도 안 되어 억울하게 갔다 아닙니꺼."

주인할머니의 눈가가 그렁그렁해지고 물기 어린 목소리로 다시 말을 이어가셨다.

"손님들 덕택에 빚을 다 갚았다 아닙니꺼, 양심껏 하다 보니 제가 다 방송에 나왔다 아닙니꺼. 만약 나중에 제가 안 하게 되고 딸이 이것을 전수받고 이어가게 된다면, 남 속이지 말고 진실로 진실 되게 했으면 좋겠습니더. 배고픈 사람은 떡볶이를 더 주고 욕심내지 말고 했으면 좋겠습니더."

40년 동안 견딘 설움을 터뜨린 주인할머니를 보며, 가족을 위해 보낸 세월의 무게가 절대 가볍지 않았으리라는 생각이 들었다. 그 모습에서 자연스럽게 **'어머니'**라는 단어가 떠오른다.

삶의 애환을 꾹꾹 눌러 담아 울산 최고의 떡볶이로 승화시킨 공주분식. 그 안에는 진정성이 가득하기에 누가 먹어도 맛있고 기분 좋은 음식이 만들어질 수밖에 없다.

영업시간 오전 11시 30분~오후 7시 30분 (당일재료 소진 시까지)

휴무일 없음

주소 울산 동구 미포1길 56 (동부동)

연락처 010-6415-1496

이 집 어때요?

• 어떤 집은 떡볶이가 분홍색인데 이곳 떡볶이 양념이 빨갛고 진하고 맛있습니다. 어묵도 퍼지지 않고 꼬독꼬독해요.

– 김인애 씨

• 저는 10년 이상 단골입니다. 이곳 떡볶이는 빛깔도 예쁘고 맛있어요. 어렸을 때부터 먹어온 곳이기에 저에게는 추억의 맛입니다. 저희 올케와 남동생은 명절 때 수원에서 오면, 꼭! 이 떡볶이를 먹고 좋아합니다. 올케한테 울산의 맛있는 음식 사줄까 물어보면, 이 떡볶이를 말할 정도이니깐요.

– 장연이 씨

에필로그

이 책에는 떡볶이 역사에 대해 언급하지 않았다. 2017년《매일경제》신문에 필자가 언급한 간이 떡볶이 역사도 있지만, 나의 관심 밖이다.

이미 2009년 제1회 떡볶이 페스티벌을 주최한 '떡볶이 연구소'에서 잘 정리해 놓은 방대한 텍스트 자료가 있기 때문이다. 솔직히 말하자면, 인터넷 검색으로 알 수 있는 떡볶이 연대기를 굳이 인용하면서까지 언급하고 싶지 않았다.

책을 쓰기 시작할 때나 지금이나 필자의 생각은 오로지 하나였다. 떡볶이에도 맛의 기준점이 있어 좀 더 떡볶이가 발전할 수 있으면 좋겠다는 것.

과거와 현재 떡볶이의 큰 차이는 '사람을 홀리는 향기'가 사라졌다는 점이다. 후각은 미각과 밀접하게 연관되어 있다. 향기가 사라진 오늘날 떡볶이에서 사람들이 맛을 잘 느낄 리 없다. 떡볶이를 삼킬 때 콧등 안쪽을 통과하는 향이 없거나 부족하다. 떡볶이 맛을 더 잘 느끼게 하기 위해 즉각 자극을 주는 양념만 잔뜩 집어넣는다. 그러다 보니 요즘 떡볶이에는 단맛과 매운맛만 남았다. 물론 떡볶이의 산업화 때문에 업체 간 경쟁이 치열해진 이유도 맞물려 있다.

이런 이유로 수많은 떡볶이집 중, 주인장의 진정성이 느껴질 정도로 음식 맛에 감동받는 집을 찾기가 점점 어려워졌다. 낮은 성공

률에도 불구하고 감동 받을 떡볶이를 찾아 많이 도전하다 보니 (음식 값을 생각한다면) 현실적으로 불가능하다고 생각했던 재료로 떡볶이를 만드는 분도 뵐 수 있었고 잠도 못자면서 재료를 준비하는 분, 그동안 알고 있었던 기본 조리 상식에 반하는 방법으로 음식을 만드는 분도 뵐 수 있었다.

몇 시간 인고의 시간을 거쳐야만 물고기를 잡을 수 있는 낚시처럼, 필자의 기준에 맞는 좋은 떡볶이를 만나기 위해 16년이라는 꽤 많은 시간이 필요했다.

방송, 블로그, 유튜브뿐 아니라 음식 전문 서적에도 없는 내용이 이 책에 많이 있다. 정직하게 노력하는 주인장들의 실전을 통한 '찐 레시피'이기 때문이다. 덕분에 취재를 다니면서 필자 또한, 떡볶이를 바라보는 눈이 많이 달라졌고 많은 것을 배울 수 있었다. 오류를 줄이기 위해 전문 요리책, 과학책을 통해 나름대로 검증 작업을 거쳤지만, 혹시라도 내용의 오류가 있다면 알려주길 바란다. 세상에 완벽한 사람은 없다. 그것을 잘 알고 있기에 필자는 항상 배우면서 공부하고 싶다.

사실 전국의 떡볶이 맛집 중 옥석을 가려내기란 쉽지 않은 일이었다. 책에 미처 싣지 못했지만 종로 3가 맛나분식 한 판 떡볶이, 광명 선매떡볶이 등 괜찮은 곳이 꽤 많다.

옥석을 가려낼 때에는 필자의 결단도 필요했다. 괜찮은 음식이라도 '먹기가 불편한 곳'이라면 추천하기에 무리가 있겠다 싶었고 그동안 알려진 떡볶이 맛집 대부분이 설탕(물엿)이나 조미료 등이 더해진 혀가 좋아하는 자극적인 양념 맛으로 이루어진 떡볶이였기 때문이다.

아무리 좋은 재료를 사용했다고 해도 좋은 떡 맛이 표현 안 된다면 제대로 만든 떡볶이가 아니라고 생각한다. 기본적으로 떡볶이는 떡 맛이 중심이 되고 떡 맛이 잘 표현되어야 한다. 책에 언급한 열세 곳의 떡볶이집은 기본적으로 '떡 맛'이 있는 집이다. 하지만 이곳이 '대한민국 최고의 떡볶이 맛집'이라고 단정하기는 이르다. 현재 '대한민국을 대표할 만한 맛집' 정도로 융통성 있게 생각했으면 좋겠다. 또한 음식의 세계는 무궁무진하므로 필자의 떡볶이 맛집의 끝이 아닌, 시작점이라는 점을 꼭 밝히고 싶다. 앞으로 어느 재야에 숨은 떡볶이 고수가 또 홀연히 나타날지 모르니 말이다.

'입맛은 사바사(사람 by 사람)'라는 말도 있다. 사람마다 좋아하는 맛은 정말 제각각이고 대부분 자기 입에 맞는 음식만 찾으려는 경향이 있다. 당연히 맛없는 건 먹기 싫다. 직관적으로 사고하고 선택하는 게 사람이기 때문이다. 그렇기 때문에 분명 본인이 좋아하는 떡볶이집이 책에 없다고 실망하는 분들도 있으리라 생각한다.

그런 분들에게 떡볶이를 많이 먹어본 사람으로서 하나 권유하고 싶다. 본인에게 맛있는 떡볶이든 맛없는 떡볶이든 많이 찾아 먹어 보라고. 어이없게 들릴 수 있겠지만 이게 '내가 모르는 맛있는 집'을 찾는 최선의 방법이다.

많이 먹어 보면 내가 가진 맛의 스펙트럼이 넓어진다. 경험은 반드시 자산이 되어 돌아온다. 다양한 맛을 알고 즐길 수 있는 경지에 도달하면, 당장에 혀가 좋아하는 자극적인 떡볶이가 최선이 아님을 느낀다. 더불어 조화로운 맛을 내고, 좋은 원물재료를 사용하는 떡볶이에 대한 가치를 깨닫게 된다. 물론 음식에는 옳고 그름이 없어서 **맛의 정답은 없지만, 각자 맛의 기준점을 찾는다면 그 또한 인생의 재미가 아닐까?**

마지막으로 꼭 하고 싶은 말이 있다.

떡볶이 하면 대부분 '맛있는 것'이라는 어휘가 먼저 떠오를 것이다. 필자 또한 그랬으니까.

사실 1년 6개월 넘게 떡볶이 책을 준비하면서 그 단순한 '맛있음'에 고민을 많이 했다. 그동안 좋은 재료가 떡볶이 맛을 결정한다고 굳게 믿었는데 점차 다른 생각이 고개를 들이밀었기 때문이다. 필자가 손꼽는 열세 분의 주인장을 만나 뵙다 보니, 좋은 재료 이전에 주인장의 성품에 따라 음식 맛이 좌우됨이 보였다. 즉 '맛있음' 그러니까 좋은 맛은 주인장의 희로애락이 담긴 정직한 삶에서 탄생된다는 점을 알았다. 전국 떡볶이집을 찾아다닌 지 16년 만에, 그것도 떡볶이 책을 마무리하면서 깨닫게 되다니….

너무 뒤늦었다 싶지만 한편으로 이번 계기가 필자에게 행운이었다는 생각도 든다. 대나무처럼 곧은 성품의 주인장들을 뵐 수 있었으니, 그리고 떡볶이와 별개로 인생을 많이 배울 수 있었으니 말이다.

그리고 필자를 대한민국 최고의 떡볶이 전문가라는 공중파 방송의 과찬의 수식어보다는, **떡볶이를 좋아하는 사람, 떡볶이를 이야기하는 사람**으로 기억해 주었으면 좋겠다. 누군가 열세 곳 주인장 떡볶이 인생을 감히 평가할 수 있다고 생각하지 않기 때문이다.

장미를 선물한 손에는 장미향이 남는다는 말이 있다. 취재 과정은 매우 고되었지만 이 한 걸음이 누군가에게 맛의 기준점을 세우는 작은 기회가 되었으면 한다. 그리고 그분이 또 다른 분에게 또 다른 분이 또 누군가에게 기회가 되어 준다면 정말 좋겠다. 그렇게 나아가 결국 우리 모두가 장미향이 나는 사람이 될 수 있기를 희망해본다.

덧붙여 방대한 자료를 정리할 수 있도록 기다려 주고 도와 주신 채륜 대표님과 편집부에 감사의 말을 남기고 싶다.

만든 곳에 대해서 더 알고 싶으신 분은
인스타그램 @chaeryunbook으로 방문해 주세요.
책만듦이의 비하인드 스토리,
출판사에서 일어나는 일상 기록이 담겨있어요.

전설의 덕후 '유치찬란'이 엄선한 떡볶이 맛집

떡볶이야 사랑해

1판 1쇄 펴낸날 2021년 6월 10일

지은이 이용근

책만듦이 김미정 책꾸밈이 이민현

펴낸곳 채륜서 펴낸이 서채윤
신고 2011년 9월 5일(제2011-43호)
주소 서울시 광진구 자양로 214, 2층(구의동)
대표전화 1811.1488 팩스 02.6442.9442
E-mail book@chaeryun.com Homepage www.chaeryun.com

책값은 뒤표지에 있습니다.
ISBN 979-11-85401-61-4 03980